暮らしと環境科学

日本化学会編

東京化学同人

はしがき

現代文明を支えるものは科学技術であり、われわれは、化学の生み出した多数の有用な物質の恩恵を受けて、日々の暮らしを営んでいる。その反面、健康被害や環境破壊が、化学物質によってもたらされる例も少なくない。化学に携わる専門家の集団である日本化学会は、これまで人間と環境が調和した社会・豊かで安心できる社会の実現をめざして積極的な活動に取組んできたが、その一環として最近、大学での新しい環境教育のカリキュラムを提案した。

本書は、おもに非理工系の大学一、二年生を対象に、このカリキュラムに沿って、週一コマ（二時間）・半年間の環境科学の講義を行うための教科書として書かれたものである。環境問題をわかりやすくていねいに説明しながら、科学的にきちんと取扱っているので、高校の理科・社会科の教員向きの参考書としても、また、環境問題に関心のある一般の読者のための教養書としても、十分役立つはずである。

環境問題といえば、さまざまな新たな事例がつぎつぎと生じて、学際的な対応が必要な応用の場であり、また、問題の科学的解明や対策の展開も、文字通り日進月歩であることが多い。すでに成熟した学問分野とは異なって、環境科学全体を網羅していたずらに詳しい各論的な記述を重ねても、数年もたてば状況が変わって、内容を大きく改訂する必要が生じることも珍しくない。したがって本書では、環境問題を理解するのに基本的に重要な事項についてまず学んだうえで、今後新たな問題に遭遇したときに、みずからの責任で判断を下し対応できるように、合理的で柔軟な考え方を育てるとともに、健全な環境保全の意識を養うことをめざしている。

今日の環境問題は、暮らしに密着した身近な問題としてだけでなく、地球システム・自然の営みという大きな構図の中でその意味を理解することが重要である。また、自然科学分野だけではなく、経済活動・政策・社会（市民）との関係なども複雑にかかわってくるので、環境問題の適切な理解と対応には、それらも含めた総合的な視野で全体像を考えることが望ましい。本書の各章はこのような趣旨をふまえて構成されているが、特に最後の三章（8～10章）は、自然科学以外の観点からそれぞれの分野の第一人者が執筆している。経済・政策・社会など自然科学の外側からの考察は、環境問題を考えるときにとかく欠落しやすい側面であるので、人文系の学生に限らず、自然科学を志す学生や研究者にも、ぜひ本書の一読をお薦めしたいところである。

日本化学会の編集した本書が、大学での環境教育の教科書として用いられるばかりでなく、広く一般の読者にとっても環境の現状を認識し、将来の世代のために、環境保全の意識を高めるきっかけとなれば幸いである。

終わりに、本書の企画・編集から刊行まで努力された高林ふじ子、高木千織両氏をはじめ東京化学同人の各位に謝意を表したい。

二〇〇三年五月

富　永　　健

日本化学会 大学環境教育テキスト編集小委員会

委員長

富永　健　東京大学名誉教授　理学博士

委　員

蟻川芳子　日本女子大学理学部　教授　理学博士
市村禎二郎　東京工業大学大学院理工学研究科　教授　理学博士
関澤　純　徳島大学総合科学部　教授　農学博士
渡辺　正　東京大学生産技術研究所　教授　工学博士

執筆者

浅野直人　福岡大学法学部　教授　法学修士
蟻川芳子　日本女子大学理学部　教授　理学博士
井之上浩一　金城学院大学薬学部薬学科　薬学博士
岩田規久男　学習院大学経済学部　教授　経済学修士
大竹千代子　化学物質と予防原則の会 代表　学術博士
小倉紀雄　東京農工大学名誉教授　理学博士
片山葉子　東京農工大学大学院共生科学技術研究院　教授　農学博士
川口研《みがく》　産業技術総合研究所計測標準研究部門有機分析科　薬学博士
北野大《まさる》　明治大学理工学部　教授　工学博士
酒井伸一　京都大学環境保全センター　教授　工学博士
杉本マキ　大和ハウス工業株式会社技術本部統括管理部
鳥井弘之　元東京工業大学教授　工学修士
中澤裕之　星薬科大学薬学部　教授　薬学博士
日引聡《あきら》　国立環境研究所社会環境システム研究領域　室長

（五十音順）

目次

1章　持続可能な社会をめざして

1　二十世紀はどんな世紀だったのだろうか

二十一世紀に入って最初の数年が過ぎた。ところで二十世紀はどんな世紀だったのか。見方は人によりそれぞれだろうが、ここでは主として環境問題にからむデータをみていこう。

二十世紀を特徴づけることとして、まず第一にあげねばならないことは人口の増加である。増加より爆発という言葉の方が適切かもしれない。図1・1に示すように、地球全体では実に約十六億人から六十億人へと、百年間で四十四億人も増えた。十九世紀の百年間の増加が六億人であることを考えても、そのすごさがわかる。

人口増加はさらに続き、二〇五〇年ごろには九十億人になると予想されている。この増加は後に述べる技術の成果の一つともいえるが、問題は増えつづける人口の大部分が開発途上地域からという点である。ではなぜ、途上国でこのような人口増加が起こるのだろうか。その答えとしては、貧しいので労働力として子供が必要なこと、公衆衛生面が不十分で乳児死亡率が高いため多産となること、宗

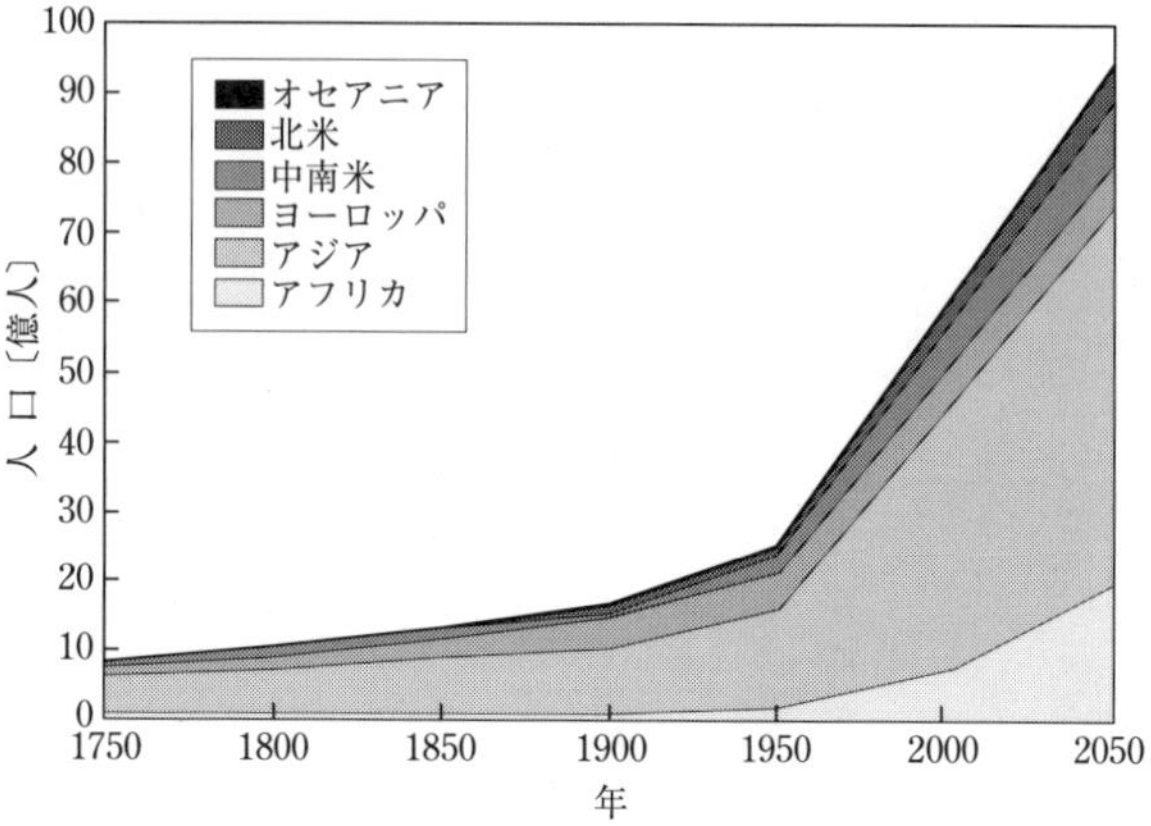

図1・1　世界人口の推移[1]［国連 Revision of the World Population Estimates and Projections, 1998 年］

教上の理由から産児制限が許されないこと、教育上の問題などがある。この増えた人口が農村では食べていけないため、職を求めて都会へ流れていく。一方、途上国の都市は道路、鉄道などの産業基盤が十分でなく、また上下水道も未発達の所が多く、結局これらの人々を受入れるだけの基盤（インフラストラクチャー、インフラとも略す）が不十分なため、都市がスラム化し、さらには、スラムにさえ住めない人が出てくる。これらの人々は途上国からより豊かな国へ難民として移り住むことになるわけである。

二十世紀を特徴づける第二点は、戦争の世紀だったことである。一九一四年にヨーロッパで起こった第一次世界大戦、一九三九年にヨーロッパに端を発した第二次世界大戦と、二度の世界大戦を経験した。世界規模でない局地戦は数限りなく起きている。一九九〇年にイラクがクウェートに侵攻した湾岸戦争や、二〇〇三年のイラク戦争も記憶に新しい。

このような戦争はなぜ起きたのだろうか。その理

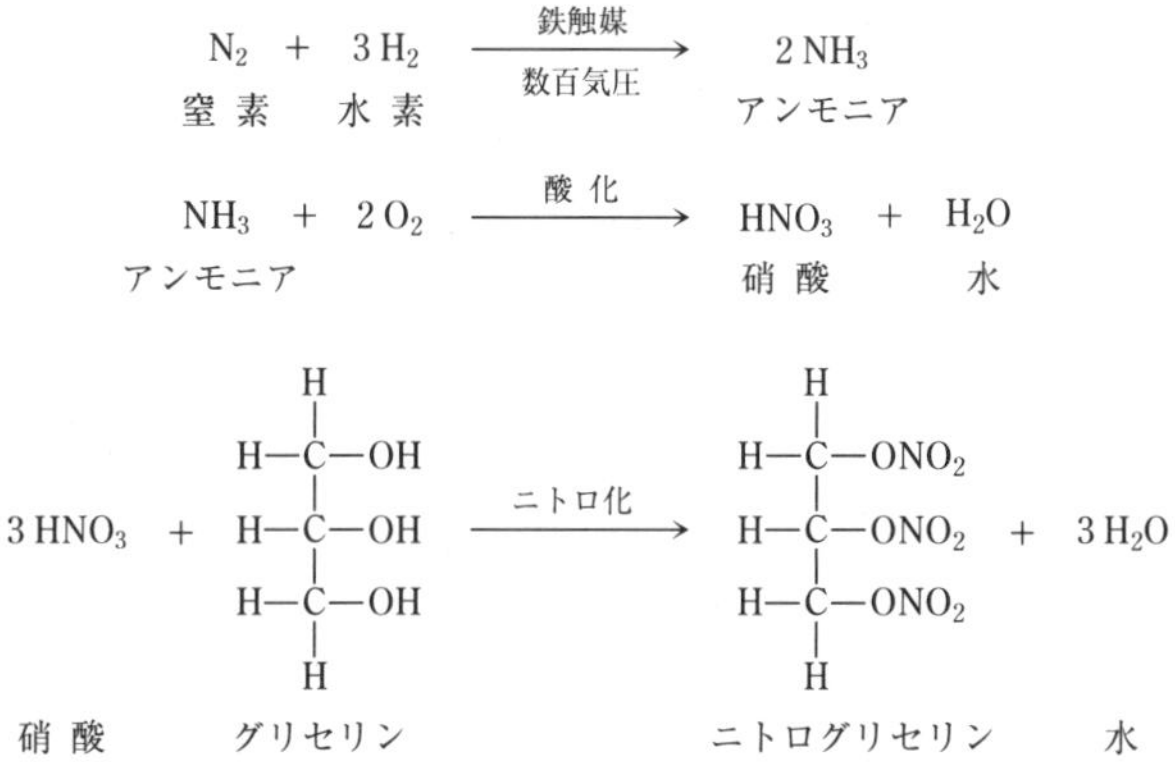

図1・2　ニトログリセリンの合成

由としては民族の違い、すなわち民族ごとにみずからの国をもちたいという欲求、宗教上の相違、さらには鉱物資源やエネルギー資源を巡る争いがあげられる。これらの戦争は一方では私たちの技術を進歩させた。たとえばライト兄弟が人類最初の動力による飛行を成功させたのが一九〇三年、そのわずか約四十年後の戦争で飛行機の果たした役割をみても、戦争がいかに技術の進歩を促したかがわかる。残念な例でもあるが、一九三八年にドイツのハーンらが発見した核分裂という現象は一九四五年に原子爆弾という形で実用化されてしまった。

一方、戦争目的で開発された技術がのちに平和利用されている例を一つ紹介しよう。それは空中窒素の固定というすばらしい技術である。これは空気中の窒素と水素を反応させてアンモニアを合成する方法である（図1・2）。窒素固定ができる生物はマメ科植物と共生する根粒菌など限られた細菌のみで、他の生物は窒素を利用できない。

戦争には爆弾が必要で、爆弾をつくるためには火薬、そのためには硝酸が要る。化学的に空中窒素の固定ができるまで、硝酸をつくるには硝酸ナトリウムからなるチリ硝石（チリに多く産出するのでその名がある）を用いていた。ドイツは戦争に備えるためチリ硝石を用いない硝酸の製法を試みた。一九一三年にハーバーとボッシュは鉄を主とする触媒を用い、数百気圧というものすごい高圧の下で窒素と水素を反応させ、アンモニアの直接合成を始めた。このアンモニアを酸化すれば簡単に硝酸が得られ、ニトログリセリンのような爆薬がチリ硝石を使わなくても合成できるわけだ（図1・2）。

この空中窒素固定法の技術により、今日では肥料をはじめとして、多くの化学製品がつくられている。

このようにみてくると、二十世紀は技術の世紀ともいえる。その技術が私たちの生活を豊かにし、また一方では環境問題をひき起こしたことも事実である。

2　二十世紀の技術を振り返る

ここに面白い記事がある（六〜九ページ）。少し長いが、一つ一つ見ていこう。なお番号は著者が便宜的に付けたものである。

この中で予言がほぼ当たっているものとしては、①は国際電話として、②はインターネットにより、⑤は現実には二十四時間で世界一周が可能であるし、今ではわが国は年間およそ一千万人、十人に一人が渡航している。⑥は飛行船に代わってジェット戦闘機がその任に当たっている。⑦だが、都会の住宅地では蚊はほとんどいなくなった。またノミはほとんどお目にかからない。⑧はエアコンディショナー、⑩、⑪はテレビ電話、⑫はインターネットショッピングとして実現した。ただ、品物を地中鉄管により落手することは不可能だが。⑭についてみてみると、東京―神戸間は新幹線の「のぞみ」で三時間弱となっており、また蒸気機関車はほとんど使われなくなったのも予言通りである。⑮は大都会では高架やモノレール、また地下鉄として実現している。⑱は現在の男子高校生の平均身長だし、⑳は現在わが国には七千万台もあり、まさに自動車の時代の予言通りとなった。㉒の大学を卒業しなければ一人前とみなされない、の記述は残念ながら、現代社会はそういう風潮にあると認めざるをえない。

一方、若干外れたものには③がある。この中で、絶滅の危機にある動物としては虎がいる。⑨についてはたとえばバイオテクノロジーによる紫色のカーネーションなどが一部開発に成功している。ただ、グリーンランドに熱帯の植物を成長させることは不可能ではないが、コスト的に無理だろう。⑬だが、石炭の確認可採年数はあと二三〇年ほどある。⑯では、日本海に面したロシアのナホトカからヨーロッパ大陸までは鉄道で、またヨーロッパ大陸のフランスとイギリスも鉄道で結ばれている。ただ、大西洋、太平洋の国の間はできていないが、飛行機の利用を考えるとその必要もないだろう。ご承知のようにわが国では北海道、本州、四国、九州が鉄道で結ばれている。⑲については予言の方向である外科的手法と逆の内科的手法の発達の両面がある。

最後にまったく実現していない、または逆の傾向となったものに、④のサハラ砂漠の沃野化、⑰の大砲による暴風の防御、㉑の人と獣との会話があり、㉓の発電は現在わが国では火力発電が半分以上である。

二十世紀《せいき》の豫言《よげん》

「報知新聞」一九〇一（明治三四）年一月二、三日

十九世紀《せいき》は既《すで》に去《さ》り人《ひと》も世《よ》も共《とも》に二十世紀《せいき》の新舞《しんぶ》臺《たい》に現《あら》はる、こと、なりぬ、十九世紀《せいき》に於《お》ける世《せ》界《かい》の進歩《しんぽ》は頗《すこぶ》る驚《おどろ》くべきものあり、形而下《けいじか》に於《おい》ては「蒸滊力時代《じようきりよくじだい》」「電氣力時代《でんきりよくじだい》」の稱ありまた形而《けいじ》上《じやう》に於《おい》ては「人道時代《じんだうじだい》」「婦人時代《ふじんじだい》」の名《な》あることなるが更《さら》に歩《ほ》を進《すゝ》めて二十世紀《せいき》の社會《しやくわい》は如何《いか》なる現象《げんしやう》をか呈出《ていしゆつ》するべき、既《すで》に此《この》三四十年間《ねんかん》には佛《ふつ》國《こく》の小説家《せうせつか》ジユール、ベハスの輩《はい》が二十世紀《せいき》の豫《よ》言《げん》めきたる小説《せうせつ》をものして讀者《どくしや》の喝采《くわつさい》を博《はく》したることなるが若《も》し十九世紀間進歩《せいきかんしんぽ》の勢力《せいりよく》にして年《とし》と共《とも》に愈《いよい》よ増加《ぞうか》せんか、今日《こんにち》なほ不思議《ふしぎ》の惑問中《わくもんちう》に在《あ》るもの漸漸思議《ぜんぐしぎ》の領内《りやうない》に入《い》り來《きた》ることなるべし、今《いま》や其大時期《そのだいじき》の冒頭《ばうとう》に立《た》ちて遙《はる》かに未來《みらい》を豫望《よぼう》するも亦《ま》た快《くわい》ならずとせず、世界列強形勢《せかいれつきやうけいせい》の變動《へんどう》は先《ま》づさし措《お》きて暫《しばら》く物質上《ぶつしつじやう》の進歩《しんぽ》に就《つ》きて想像《さうぞう》するに

①無線電信及電話《むせんでんしんおよびでんわ》　マルコニー氏《し》發明《はつめい》の無線電《むせんでん》

信《しん》は一層《そう》進歩《しんぽ》して只《た》だに電信《でんしん》のみならず無線電話《むせんでんわ》は世界諸國《せかいしよこく》に聯絡《れんらく》して東京《とうきやう》に在《あ》るものが倫敦紐育《ろんどんにゆーよーく》にある友人《いうじん》と自由《じいう》に對話《たいわ》することを得《う》べし

②遠距離《ゑんきより》の寫眞《しやしん》　數《すう》十年《ねん》の後歐洲《のちおうしう》の天《てん》に戰雲暗《せんうんあん》憺《たん》たることあらん時東京《ときとうきやう》の新聞記者《しんぶんきしや》は編緝局《へんしうきよく》にゐながら電氣力《でんきりよく》によりて其狀況《そのじやうきやう》を早取寫眞《はやとりしやしん》となすことを得《う》べく而《しか》して其寫眞《そのしやしん》は天然色《てんねんしよく》を現象《げんしやう》すべし

③野獸《やじう》の滅亡《げんばう》　亞弗利加《あふりか》の原野《げんや》に到《いた》るも獅子《しゝ》虎《とら》鰐《わに》魚等《とう》の野獸《やじう》を見《み》ること能《あた》はず彼等《かれら》は僅《わづか》に大都會《だいとくわい》の博物舘《はくぶつくわん》に餘命《よめい》を繼《つな》ぐべし

④サハラ砂漠《さばく》　サハラの大砂漠《だいさばく》は漸次《ぜんじ》沃野《よくや》に化《くわ》し東半球《とうはんきう》の文明《ぶんめい》は漸々《ぜんゞ》支那《しな》日本《にほん》及《およ》び亞弗利加《あふりか》に於《おい》て發達《はつたつ》すべし

⑤七日間《かん》世界《せかい》一週《しう》　十九世紀《せいき》の末年《まつねん》に於《おい》て尠《すくな》くとも八十日間《かん》を要《えう》したりし世界《せかい》一週《しう》は二十世紀末《せいきまつ》には七日を要《えう》すれば足《た》ることとなるべくまた世界文明國《せかいぶんめいこく》の人民《じんみん》は男女《だんぢよ》を問《と》はず必《かなら》ず一回以上《くわいゝじやう》世界漫遊《せかいまんいう》をなすに至《いた》らむ

⑥空中軍艦空中砲臺《くうちうぐんかんくうちうほうだい》　チエッペリン式《しき》の空中船《くうちうせん》は大《おほい》に發達《はつたつ》して空中《くうちう》に軍艦漂《ぐんかんたゞよ》ひ空中《くうちう》に修羅場《しゆらぢやう》を出《しゆつ》現《げん》すべく從《したが》つて空中《くうちう》に砲臺浮《ほうだいうか》ぶの奇觀《きくわん》を呈《てい》するに至《いた》らん

⑦蚊及蚤《かおよびのみ》の滅亡《めつばう》　衞生事業進歩《ゑいせいじげふしんぽ》する結果《けつくわ》蚊《か》及《およ》び蚤《のみ》の類《るゐ》は漸次滅亡《ぜんじめつばう》すべし

⑧暑寒知《しよかんし》らず　新器械發明《しんきかいはつめい》せられ暑寒《しよかん》を調和《てうわ》する爲《ため》に適宜《てきゞ》の空氣《くうき》を送《おく》り出《だ》すことを得《う》べし亞弗利加《あふりか》の進歩《しんぽ》も此爲《このため》なるべし

⑨植物《しよくぶつ》と電氣《でんき》　電氣力《でんきりよく》を以《もつ》て野菜《やさい》を成長《せいちやう》することを得《う》べく而《しか》して豌豆《そらまめ》は橙大《たうだい》となり菊《きく》牡丹《ぼたん》薔薇《ばら》は緑黑等《りよくこくとう》の花《はな》を開《ひら》くものあるべく北寒帶《ほくかんたい》のグリーンランドに熱帶《ねつたい》の植物生長《しよくぶつせいちやう》するに至《いた》らん

⑩人聲《じんせい》十里《り》に達《たつ》す　傳聲器《でんせいき》の改良《かいりやう》ありて十里《り》の

遠《とほ》きを隔《へだ》てたる男女互《だんぢよたがひ》に婉々《ゑんく》たる情話《じやうわ》をなすことを得《う》べし

⑪寫眞電話《しやしんでんわ》　電話口《でんわぐち》には對話者《たいわしや》の肖像現出《しやうざうげんしゆつ》するの装置《さうち》あるべし

⑫買物便法《かひものべんぱふ》　寫眞電話《しやしんでんわ》によりて遠距離《ゑんきより》にある品《しな》物《もの》を鑑定《かんてい》し且《か》つ賣買《ばひく》の契約《けいやく》を整《とゝの》へ其品物《そのしなもの》は地中鐵《ちゝうてつ》管《くわん》の装置《さうち》によりて瞬時《しゆんじ》に落手《らくしゆ》することを得《え》ん

⑬電氣《でんき》の世界《せかい》　薪炭石炭共《たきゞすみせきたんとも》に竭《つ》き電氣《でんき》之《これ》に代《かは》りて燃料《ねんれう》となるべし

⑭鐵道《てつだう》の速力《そくりよく》　十九世紀末《せいきまつ》に發明《はつめい》せられし葉巻《はまき》煙草形《たばこがた》の機關車《きくわんしや》は大成《だいせい》せられ列車《れつしや》は小家屋大《せうかをくだい》にてあらゆる便利《べんり》を備《そな》へ乗客《じようきやく》をして旅中《りよちう》にあるの感無《かんな》からしむべく啻《たゞ》に冬期室内《たふきしつない》を暖《あたゝ》むるのみならず暑《しよ》中《ちう》には之《これ》に冷氣《れいき》を催《もよほ》すの装置《さうち》あるべく而《しか》して速力《そくりよく》は通常《つうじやう》一分時《ぶんじ》に二哩急行《まいるきふかう》ならば一時間《じかん》百五十哩《まいる》以上《じやう》を進行《しんかう》し東京神戸間《とうきやうかうべかん》は二時間半《じかんはん》を要《えう》しまた今日《こんにち》四日半《はん》を要《えう》する紐育桑港間《にゆーよーくさんふらんしすこかん》は一晝夜《ちうや》にて通《つう》ずべしまた動力《どうりよく》は勿論石炭《もちろんせきたん》を使用《しよう》せざるを以《もつ》て煤《ばい》煙《えん》の汚水無《をすゐな》くまた給水《きふすゐ》の爲《ため》に停車《ていしや》すること無《な》かるべし

⑮市外鐵道《しがいてつだう》　馬車鐵道及鋼索鐵道《ばしやてつだうおよびかうさくてつだう》の存在《そんざい》せしことは老人《らうじん》の昔話《せきわ》にのみ殘《のこ》り電氣車及《でんきしやおよ》び壓窄空氣車《あつさくくうきしや》も大改良《だいかいりやう》を加《くは》へられて車輪《しやりん》はゴム製《せい》となり且《か》つ文《ぶん》明國《めいこく》の大都會《だいとくわい》にては街路上《がいろじやう》を去《さ》りて空中及《くうちうおよ》び地中《ちちう》を走《はし》る

⑯鐵道《てつだう》の聯絡《れんらく》　航海《かうかい》の便利至《べんりいた》らざる無《な》きと共《とも》に鐵道《てつだう》は五大洲《だいしう》を貫通《くわんつう》して自由《じいう》に通行《つうかう》するを得《う》べし

⑰暴風《ばうふう》を防《ふせ》ぐ　氣象上《きしやうじやう》の觀測術《くわんそくじゆつ》進歩《しんぽ》して天災《てんさい》來《きた》らんとすることは一ヶ月以前《いぜん》に豫測《よそく》するを得《う》べく天災中《てんさいちう》の最《もつと》も恐《おそ》るべき暴風起《ばうふうおこ》らんとすれば大砲《たいはう》を空中《くうちう》に放《はな》ちて變《へん》じて雨《あめ》となすを得《う》べしされば二十世紀《せいき》の後半期《こうはんき》に至《いた》りては難船海嘯等《なんせんかいしやうとう》の變無《へんな》かる

べしまた地震《ぢしん》の動搖《どうえう》は免《まぬか》れざるも家屋《かをく》道路《だうろ》の建築《けんちく》は能《よ》く其害《そのがい》を免《まぬか》る、に適當《てきたう》なるべし

⑱人《ひと》の身幹《しんかん》　運動術《うんどうじゆつ》及《およ》び外科手術《げくわしゆじゆつ》の効《かう》によりて人《ひと》の身体《しんたい》は六尺以上《しやくいじやう》に達《たつ》す

⑲醫術《いじゆつ》の進歩《しんぽ》　藥劑《やくざい》の飲用《いんよう》は止《や》み電氣針《でんきばり》を以《もつ》て苦痛《くつう》無《な》く局部《きよくぶ》に藥液《やくえき》を注射《ちうしや》しまた顯微鏡《けんびきやう》とエッキス光線《くわうせん》の發達《はつたつ》によりて病源《びやうげん》を摘發《てきはつ》して之《これ》に應急《おうきふ》の治療《ちれふ》を施《ほどこ》すこと自由《じいう》なるべしまた内科術《ないくわじゆつ》の領分《りやうぶん》は十中《ちう》八九まで外科術《げくわじゆつ》に移《うつ》りて後《のち》には肺結核《はいけつかく》の如《ごと》きも肺臟《はいざう》を剔出《てきしゆつ》して腐敗《ふはい》を防《ふせ》ぎバチルスを殺《ころ》すことを得《う》べし而《しか》して切開術《せつかいじゆつ》は電氣《でんき》によるを以《もつ》て毫《がう》も苦《く》痛《つう》を與《あた》ふること無《な》し

⑳自動車《じどうしや》の世《よ》　馬車《ばしや》は廢《はい》せられ之《これ》に代《か》ふるに自《おう》動車《ともびーる》は廉價《れんか》に購《あがな》ふことを得《う》べくまた軍用《ぐんよう》にも自《じ》轉車《てんしや》及《およ》び自動車《じどうしや》を以《もつ》て馬《うま》に代《か》ふることとなるべし從《したがつ》て馬《うま》なるものは僅《わづ》かに好奇者《かうきしや》によりて飼養《しやう》せらる、に至《いた》るべし

㉑人《ひと》と獸《けもの》との會話《くわいわ》自在《じざい》　獸語《じうご》の研究進歩《けんきうしんぽ》して小《せう》學校《がくかう》に獸語科《じうごくわ》あり人《ひと》と犬猫猿《いぬねこさる》とは自由《じいう》に對話《たいわ》することを得《う》るに至《いた》り從《したがつ》て下女下男《げぢよげなん》の地位《ちくらゐ》は多《おほ》く犬《いぬ》によりて占《し》められ犬《いぬ》が人《ひと》の使《つかひ》に歩《ある》く世《よ》となるべし

㉒幼稚園《えうちゑん》の廢止《はいし》　人智《じんち》は遺傳《ゐでん》によりて大《おほい》に發達《はつたつ》し且《か》つ家庭《かてい》に無教育《むけういく》の人《ひと》無《な》きを以《もつ》て幼稚園《えうちゑん》の用《よう》無《な》く男女共《だんぢよとも》に大學《だいがく》を卒業《そつげふ》せざれば一人前《にんまへ》と見做《みな》されざるにいたらむ

㉓電氣《でんき》の輸送《ゆそう》　當本《にほん》は琵琶湖《びわこ》の水《みづ》を用《もち》ひ米國《べいこく》はナイヤガラの瀑布《ばくふ》によりて水力電氣《すゐりよくでんき》を起《おこ》して各々《おの〱》其全國内《そのぜんごくない》に輸送《ゆそう》することとなる

以上《いじやう》の如《ごと》くに算《かぞ》へ來《きた》らば到底俄《たうていにはか》に盡《つく》し難《がた》きを以《もつ》て先《ま》づ我豫言《わがよげん》も之《これ》に止《とゞ》め餘《よ》は讀者《どくしや》の想像《さうざう》に任《まか》す兎《と》に角《かく》二十世紀《せいき》は奇異《うわんだー》の時代《じだい》なるべし　（了）

以上、長々と報知新聞の予言をみてきたが、環境関係では③の野獣の滅亡のみが残念ながら予言通りで、④のサハラ砂漠はまったく逆の結果となってしまった。その理由として、十九世紀の人々の想像を絶する人口の増加、さらには十九世紀の人々は現代ほど環境についての意識をもっていなかったこともあげられる。たとえば、江戸時代のような良好な環境の中に住んでいる人にとって「環境権」の必要性は意識されないだろう。事実、ロンドンのスモッグに代表される石炭燃焼による煤煙被害は二十世紀に入ってから多く発生している。スウェーデンのアレニウスは十九世紀末にその卒業論文で二酸化炭素による地球温暖化を予想していたが、人々の注目するところとはならなかった。

地球環境の問題が国連加盟国のほとんどから成る地球サミット（3章参照）の議題となり、またマスコミの注目を集めるようになったのは、わずか十数年前、とりわけ一九九一年のソ連の政変により、米ソの冷戦構造が崩壊してからである。このように人々の環境への関心はけっして高いものではなく、環境の前にまず繁栄を、物質的豊かさを、技術を通して実現しようとするものであった。そして、私たちは豊かな環境を失ってからはじめてその重要性に気がついたのだ。

3　技術の発展と環境問題の発生

技術は材料（物質）、エネルギー、情報の三つの要素から成り立つ。二十世紀の技術の進歩は前節の中で詳しくみてきた。そして、私たちはこれらの恩恵を十分に受けてきた。一方、技術の進歩がもたらしたマイナスの面に自然環境の破壊がある。たとえば技術の三要素の一つであるエネルギー、特に化石燃料の大量使用と排ガスの無処理での大気中への放出が、二酸化炭素による地球の温暖化、窒素酸化物や硫黄酸化物による大気汚染や酸性雨の原因となってきた。さきに述べたように、二十世紀の人類は技術の発展の恩恵を最大限に受けたし、それがまた兵器として悪用されるという最大の悲劇も経験した。また、この技術の発展に伴い、二十世紀の人類は金属資源やエネルギー資源の枯渇という事態をはじめて認識したし、一方では温暖化やオゾン層の破壊にみられるように地球の気候を人為的に変化させたはじめての人類という見方もできる。

さらに、エネルギーの大量使用は、私たちの時間に関する概念を変えてしまった。「狭い日本、そんなに急いでどこへ行く」という交通標語がかつて使われたことを覚えている人も多いと思う。たとえば、江戸時代には一〇〇キロメートルを移動するのに徒歩で三日、使うエネルギーは七〇〇〇キロカロリー程度だった。それが現代では高速道路を使い、時速一〇〇キロメートルで移動すると、所要時間は一時間、消費するエネルギーは、自動車のガソリン一リットル当たりの燃費を一〇キロメートルとすると、一〇リットルのガソリンとなり、発熱量は約九万キロカロリーである。つまり、技術は八万三〇〇〇キロカロリーのエネルギーの追加により七一時間の短縮を可能としたのである。別の見方をすれば、時間をエネルギーに置き換えているのが現代の技術ともいえる。

さらに、エネルギーの使用が人口の増加、平均寿命の延長に貢献してきた。たとえば、エネルギーの使用量と平均寿命とは図1・3に示すような関係が認められる。すなわち、エネルギーを使うことにより生活が豊かになる、つまり食料が豊富になる、衛生状態がよくなる、医療が発達する、厳しい環境条件を緩和できるといったことにつながり、結果として寿命が延びるわけである。

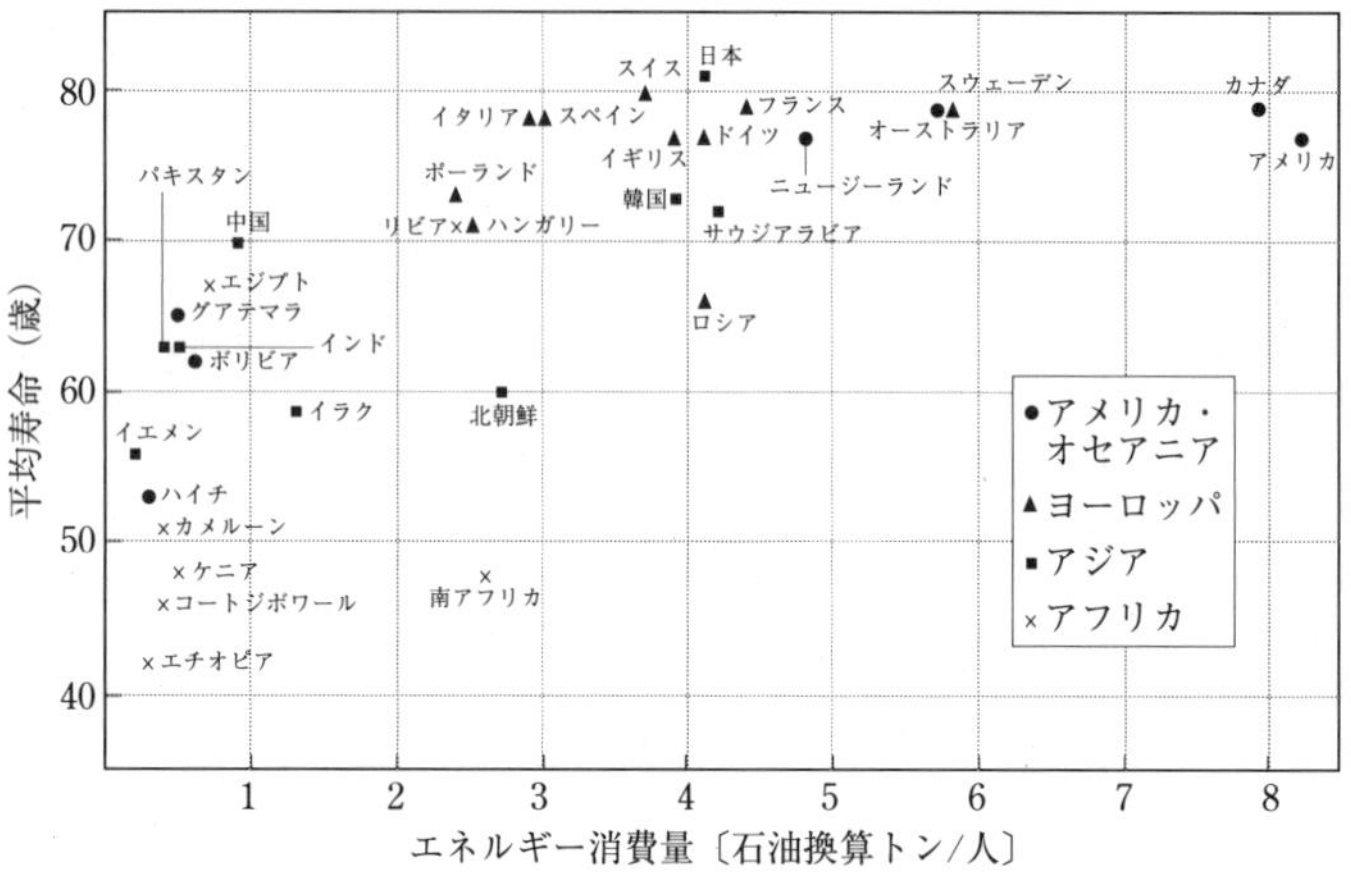

図1・3　エネルギー消費量と平均寿命の関係[2]（1999年）

一方、技術の三要素の一つである物質、特により新たに合成された農薬や工業薬品の使用が環境汚染や生物種の減少という環境問題の発生につながった。奇跡の薬品とよばれ、農薬として用いられてきたＤＤＴ（ジクロロジフェニルトリクロロエタン）は、その対象生物以外の生物への毒性、環境残留性、魚介類への濃縮性の大きさゆえに、環境汚染ばかりか、さらには母乳中からも検出されるなど、問題視する人がいたこともあって、現在ではほとんどの先進国ではその使用が禁止されている。同様に工業薬品として開発され、多くの用途に用いられてきたＰＣＢ（ポリ塩素化ビフェニル。ポリ塩化ビフェニル、ポリクロロビフェニルともいう）もまた、その環境残留性、高度な生物濃縮性、さらには慢性毒性から禁止されてしまった。わが国の新幹線はＰＣＢがあったからこそ走ることができた、といわれたくらいの功労者ならぬ功労物質なのにである。

ほかにフロンがある。フロンは、それ自体は何の毒性ももたないという、先のＤＤＴやＰＣＢとまったく異なるものである。そのまったく無害な、安全な物質が禁止されてしまった。正確に述べると、特定フロンという対流圏で分解しないフロンである。無害な物質がなぜ禁止されてしまったのか。それは、フロンがオゾン層を破壊し、結果として有害な紫外線が地表に届き、皮膚がん、免疫障害などをひき起こすからである。

このように、技術の負の側面として環境問題が生じてきた。しかし一方では、技術の莫大な恩恵も受けてきた。大切なことは技術の負の部分の影響をできるだけ小さくして、正の部分の成果をどう使うかである。次節ではこの点について考えていこう。

4　自然とどのように向きあうか

今から約三十年前、一九七四年に制定された自然保護憲章というものがある。参考までにその主要部分を付けておいたので、よく味わいながら読んでみよう。この中では自然というものを

- 生きとし生けるものの母胎であること
- 微妙な法則を有しつつ調和を保っているものであること
- 人間に対し恩恵とともに試練をも与えるものであること
- ひとたび破壊されると復元には長い年月がかかり、場合によっては復元できないもの

と位置づけている。一方、人間による自然破壊により、人間の精神の荒廃を招き生命の存続さえ危ぶまれることを述べている。

自然保護憲章

自然は、人間をはじめとして生きとし生けるものの母胎であり、厳粛で微妙な法則を有しつつ調和をたもつものである。

人間は、日光、大気、水、大地、動植物などとともに自然を構成し、自然から恩恵とともに試練をも受け、それらを生かすことによって、文明をきずきあげてきた。

しかるに、われわれは、いつの日からか、文明の向上を追うあまり、自然のとうとさを忘れ、自然のしくみの微妙さを軽んじ、自然は無尽蔵であるという錯覚から資源を浪費し、自然の調和をそこなってきた。

この傾向は近年とくに著しく、大気の汚染、水の汚濁、みどりの消滅など、自然界における生物生存の諸条件は、いたるところで均衡が破られ、自然環境は急速に悪化するにいたった。

この状態がすみやかに改善されなければ、人間の精神は奥深いところまでむしばまれ、生命の存続さえ危ぶまれるにいたり、われわれの未来は重大な危機に直面するおそれがある。しかも、自然はひとたび破壊されると、復元には長い年月がかかり、あるいは全く復元できない場合さえある。

今こそ、自然の厳粛さに目ざめ、自然を征服するとか、自然は人間に従属するなどという思いあがりを捨て、自然をとうとび、自然の調和をそこなうことなく、節度ある利用につとめ、自然環境の保全に国民の総力を結集すべきである。よってわれわれは、ここに自然保護憲章を定める。

自然をとうとび、自然を愛し、自然に親しもう。

自然を学び、自然の調和をそこなわないようにしよう。

美しい自然、大切な自然を永く子孫に伝えよう。

（1974年、自然保護憲章制定国民会議）

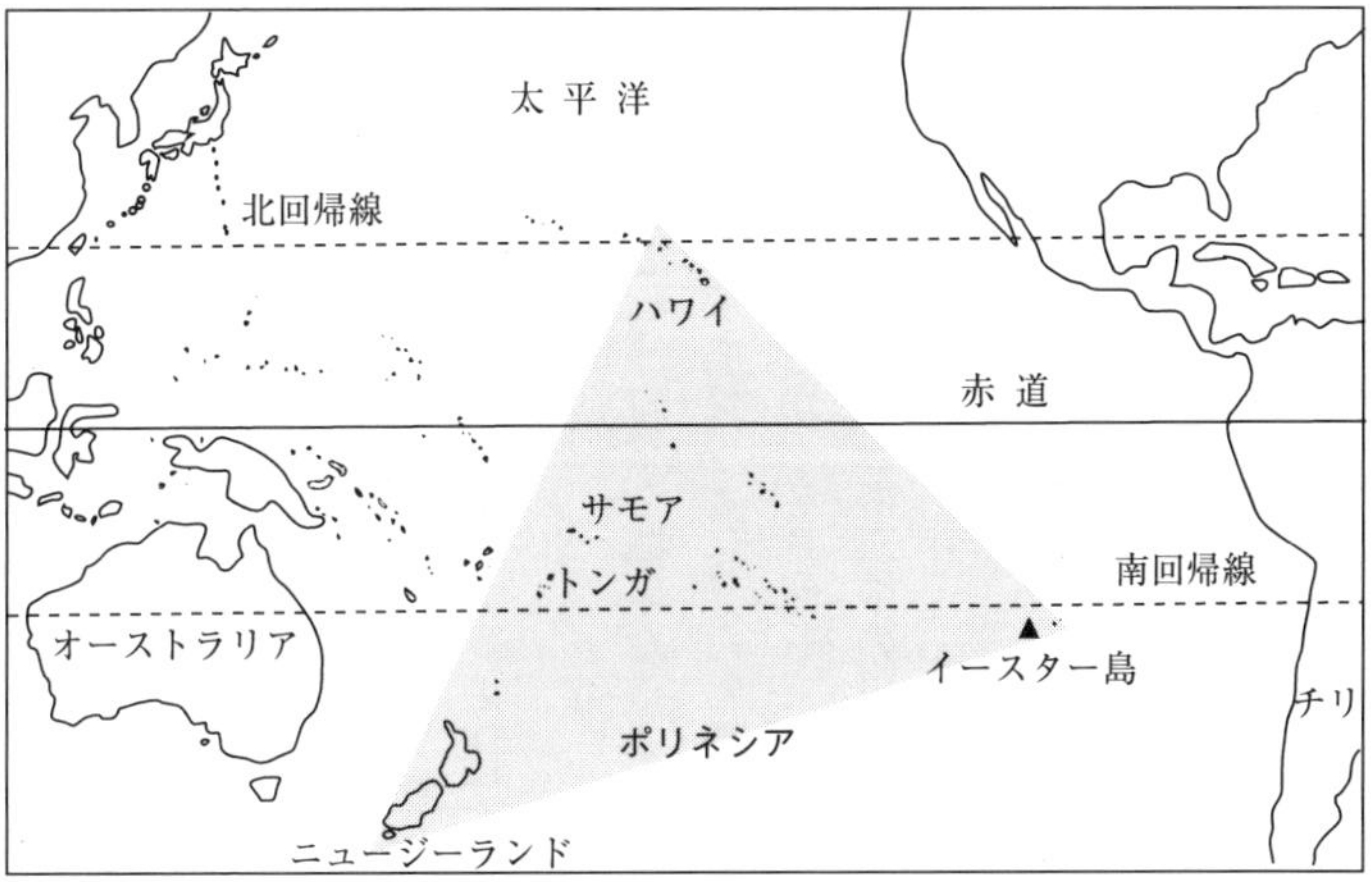

図1・4　イースター島

人間の自然破壊が文明の消滅をもたらした例としてイースター島の悲劇がある(3)。イースター島はチリの西三七〇〇キロメートルの太平洋に浮かぶ孤島で、その周囲二〇〇〇キロメートルには人の住む島が存在しない（図1・4）。イースター島へは五世紀ごろにトンガ、サモアよりポリネシア人が移住したと考えられており、その数およそ二十〜三十人だったらしい。彼らは豊富な余暇時間を宗教活動に費やし、あの有名なモアイ像の制作を行ってきた。最盛期の一五五〇年には人口は約七千人、六百体以上のモアイ像が完成した。ところが、それからわずか一七〇年後の一七二二年にオランダ人が到着したときには、木は一本もなく、人口は半分以下の三千人で、かつ洞窟での原始生活をしていたのだ。そして、一八七七年ペルー人が攻めてきて、老人と子供以外のすべての島民が奴隷として連れ去られ、イースター島の文明が消滅したわけである。その理由としては人口増加に伴う森林破壊による深刻な環境の悪化がある。

ここから私たちは、環境を回復不可能になるまで破壊すると文明も滅びてしまうという教訓を、そして地球もイースター島と同じで、私たちは地球以外に住めない、すなわち地球から逃れるすべをもたないということを学びとれる。

さて、先の自然保護憲章では、私たちに自然とどのように向き合うべきかを示している。それは自然を尊ぶこと、自然の調和を損なうことのないよう節度ある利用に努めることである。私たちが生きていくうえで自然にまったく何の影響も与えないことは不可能である。大切なことは自然のもつ自浄能力の範囲内で活動し、かつ節度のある自然利用をすることである。この考えは後述の「環境基本計画」にも強く出ている。

環境倫理という言葉を聞いたことがあるだろうか。倫理とは人としての道徳の規範となる原理をいう。だから、環境倫理とは私たちの生存の基盤である自然環境に対し、私たちはどのようなかかわり方をしていくべきか、を意味している。

環境倫理学ではつぎの三つの主張をしている。

世代間倫理

現在の世代はつぎの世代の生存可能性に対して責任があるとする考え方である。私たちは現在エネルギーの約八五%を化石燃料に依存している。化石燃料は有限である。たとえば、あと何年掘れるかを示す確認可採年数でみると、石油は四十四年、天然ガスは六十六年、石炭は二三〇年である。確認可採年数は現在の技術、経済水準で採掘が可能であると考えられる確認可採埋蔵量をその年の生産量で割って求めた値である。今後の技術の向上で新しい油田なども発見されるであろう。したがって、たとえば石油はあと四十四年でなくなるというものではないが、枯渇性の資源であるということは事実である。化石燃料は、地球が過去三十〜四十億年かかってつくってきたものである。このような人類の宝を現世代のみで使い切ってしまっていいのか。

また、原子力発電の最大の問題点は高レベルの放射性廃棄物である。原子力発電所で使用後の燃料の処理は、現在、青森県の六ヶ所村で行っている。未反応のウラン、生成したプルトニウムなどを除いた高レベルの放射性廃棄物については、ガラス固化体としてステンレス製容器に封じ込め、地下数百メートルに一万年程度埋設することが計画されている。エネルギーを消費するのは私たちで、電気のごみともいうべき廃棄物をつぎの世代に残していいのだろうか。

このような「負の遺産」は有害物質にもある。たとえば、前節で述べたPCBやDDTなどである。地球温暖化を考えてみよう。その原因たる二酸化炭素などを排出してきたのは、私たちと私たちの前の世代の人たちである。そして、その被害を受けるのは私たちの後の世代の人たちである。こんなことは許されるのだろうか。フロンによるオゾン層破壊も同じ構図である。

世代間倫理は、議会制民主主義の限界とみてもよい。現在、わが国は議会制民主主義を採用し、議員という私たちの代弁者を通して議会により意思決定をしている。議会での意思決定が私たちの世代ばかりではなく、つぎの世代にまで影響を及ぼすものには、先に述べた化石燃料や原子力発電の廃棄物、自然を破壊しかねない公共工事などがある。実際に悪影響を受けるつぎの世代の人たちは選挙権をもたないどころか、議論に参加もできない。議会制民主主義を否定するわけではなく、私たちの投票行動に次世代のことを考慮に入れなければいけないといっているのである。

自然の生存権と存在権

日本語では、生存というと対象は生物に限定されるし、一方、存在というと非生物を対象とすることがほとんどである。英語では existence で両方の意味を示している。生存権や存在権は人間だけでなく、生物の種、生態系、景観などにもあり、人間は勝手にそれらを否定してはいけないという考え方である。

私たちは三つの価値観を有している。一つは私たちにとって役に立つ、利用されるので価値があるという「使用価値」、二つ目は森林のようにその存在自体が美的に、またその中に入ると荘厳な雰囲気が感じられるといった「内在的価値」である。使用価値、内在的価値はいずれも人が介在する価値観だが、三つ目に人間の価値判断から別の存在として認めるという「本質的価値」がある。私たちはみずからの所有物に対し被害が生じる、または生じるであろうとき、権利としてその侵害を訴えることができる。それでは人間による干潟の干拓で住みかを失ったムツゴロウやシオフキなど、また道路をつくるために伐採されるブナなどの樹木、ダムの建設で上流へ戻れなくなる魚など、人間による環境影響に対して、被害を受ける生物、また影響を受ける景観は権利としてその侵害を訴えることができるだろうか。現実には彼らは言語や態度による意志表示はできないため、人間が代理人となり裁判に訴えることになる。この訴えは受理されるだろうか。残念ながら答えはノーである。

この自然の生存権、存在権は私たちに当事者適格性の見直しを訴えているという見方もできる。当事者とはそのことまたは事件に直接関係をもつ人をいう。たとえば、ある開発工事でそこにすむ動物が被害を受けるとしたとき、その動物に代わって人が開発中止を裁判所に訴えても、人以外の生物は当事者として認められないという制約がある。人間ばかりでなく他の生物、無生物すべてが同じ地球上に存在する仲間として考えていくべきこと、そして同じように当事者として認められるべきであることをここでは訴えているのである。

地球有限主義

地球の生態系は開いた宇宙ではなく、閉鎖系である。つまり限られた容量をもち、かつ私たちが利用できる資源も有限だということである。こういう認識のもとに地球市民として、地球の共有財産を守るべく環境問題に対処していかねばならないことがわかるだろう。つまり私たちは運命共同体なのである。

この地球有限主義は、自由主義国家群のあり方に疑問を呈すことだともいえよう。私たちは国益の名のもとに資源を消費し競争をしてきた。しかし、地球という星に住む私たちは同じ運命共同体にある。これまでのような国益というような小さな枠の中でなく、地球益をまず考えていこうというのが環境倫理の三つ目の要求である。

（本稿で紹介した、環境倫理の三つの要求は議会制民主主義の見直し、当事者適格性の見直し、そして自由主義国家群構想の見直しを要求しているのであるという見方は、参考文献（4）に示す先生方の意見を参考にさせていただいた。）

5　持続可能な社会をめざして

二〇〇〇年一二月に閣議決定された「環境基本計画」を眺めよう。環境基本計画とは、環境基本法第十五条に基づき、政府全体の環境の保全に関する総合的かつ長期的な施策の大綱などを定めたものである（9章参照）。やや難しい説明だが、この環境基本計画に沿って政府の環境政策が進められると理解してもよい。

この基本計画にいう私たちがめざす「持続可能な社会」とはどのような社会だろうか。持続可能な社会とは循環を基調として、環境を構成する大気、水、土壌、生物間の相互関係により形成される諸システムとの間に健全な関係を保ち、それらのシステムに悪影響を与えないこと、そのためには可能なかぎり環境負荷を生み出す資源・エネルギーの利用を効率化し、また生産活動や消費活動の単位当たりの環境負荷が低減された社会といえる。

そして、環境基本法にあるつぎの三つの基本理念、すなわち、環境の恵沢の享受と継承等（三条）、環境への負荷の少ない持続的発展が可能な社会の構築（四条）、国際的協調による地球環境保全の積極的推進（五条）を実現し、大量生産、大量消費、大量廃棄型の社会から持続可能な社会への転換を図っていくために、つぎの四つの長期的目標が定められている。これらは「循環」、「共生」、「参加」、「国際的取組」である。

この四つのキーワードは、現在世代および将来世代がともに環境の恵沢を享受しうるよう、「循環」

と「共生」の考え方に基づき、社会経済システムや社会基盤を形成していくこと、そしてこの「循環」と「共生」を実現していくためにそれぞれの主体が「参加」すること、さらには国際的な相互依存が深まるなかにおいて、持続可能な社会を形成するためには地球環境問題を地球規模で取組んでいく必要があることから「国際的取組」を行う、というふうに理解してほしい。

二〇〇二年七月に中央環境審議会はこの環境基本計画の進捗状況を点検した。この中で、各施策の基本的枠組みは整備されてきているものの、今後はより具体的な施策の実行性を高めていくことが必要だと指摘している。

そして、今日の環境問題を解決していくには、行政における取組みだけでなく、環境保全行動に関するあらゆる主体の自主的、積極的な参加が不可欠であるとの認識のもと、特に私たちが取組むべきこととして、つぎのようなメッセージを出している。まずよく読み、なぜ必要なのかを理解しよう。そして行動に移してほしい。

● 誰かがやってくれるだろうでは解決しません。私たちの日々の生活・活動を見直し、環境にやさしい社会に変えていきましょう。
・地球温暖化を防ぐためには小さな取組の積み重ねと継続が重要です。こうした取組の輪を広げていきましょう。
・ごみの減量や分別などに取り組み、ライフスタイルやビジネススタイルを見直しましょう。

●気がつかないうちに危機が迫っています。正しい知識を共有するとともに、何をなすべきかについて考え、取り組みましょう。
・私たちの安全と安心のため、化学物質について、正しい情報・知識を共有しお互いに理解を深めましょう。
・生物多様性の危機は、私たちの身近なところでも進んでいます。里地里山の保全など、私たちができることについて考え、取り組みましょう。
●これらの取組をはじめ、家庭・学校・職場などで環境に関する色々な問題をみんなで考え、まずはできる取組から始めましょう。

（中央環境審議会提案、二〇〇二年七月十一日）

この文章は、私たちにライフスタイルの見直しを問いかけている。物がない、足りないときには物を欲しがるのは当然である。私たちの身のまわりを見てみよう。今では物であふれている。仏教に少欲知足という言葉がある。欲を少なくして足るを知るということである。従来の「物は多いほどよい」から「物は十分にあればよい」への転換である。英語でいうならMore is betterではなくEnough is betterの考え方である。

私たちの技術は自然を模倣して発達してきた。私たちの社会も自然に見習い、循環型にしなければならない。図1・5に示すように自然界では物質が循環している。自然の生態系と私たちの社会とを比べると、生産者である緑色植物はメーカー、消費者である動物はユーザー、そして分解者である微生物はリサイクル業者になぞらえることができる。そして自然の生態系に入るエネルギー源は太陽であり、この太陽エネルギーが循環の速度を決めているともいえる。

では私たちの工業化社会に投入されるエネルギーは何だろうか。それは化石燃料であり、先進国はエネルギーの約八五％を化石燃料に依存している。ここで理解すべきことは、循環の速度をできるだけ遅くすることである。これを資源・エネルギー低投入型循環型社会という。大量生産、大量消費、大量廃棄に代わる大量生産、大量消費、大量リサイクルでは駄目なことを理解してほしい。そのため

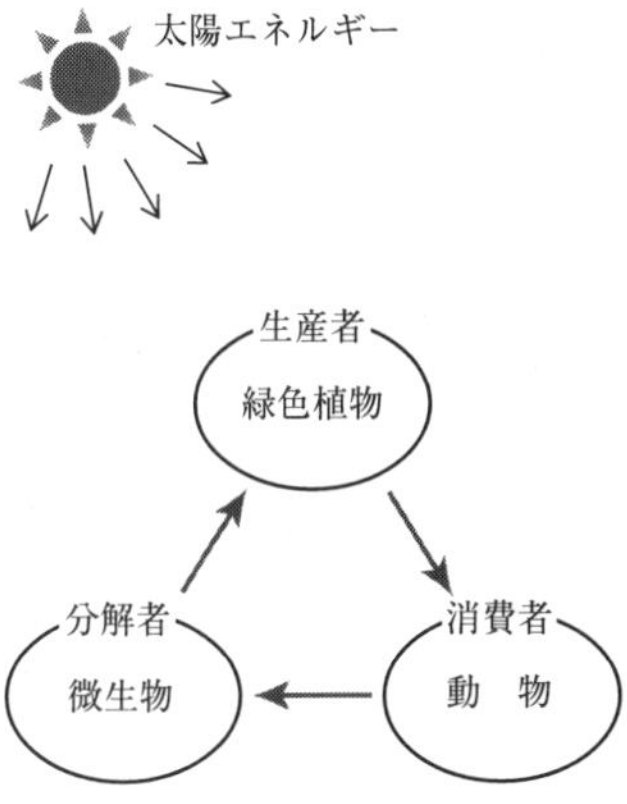

(a) 自然の生態系における物質循環

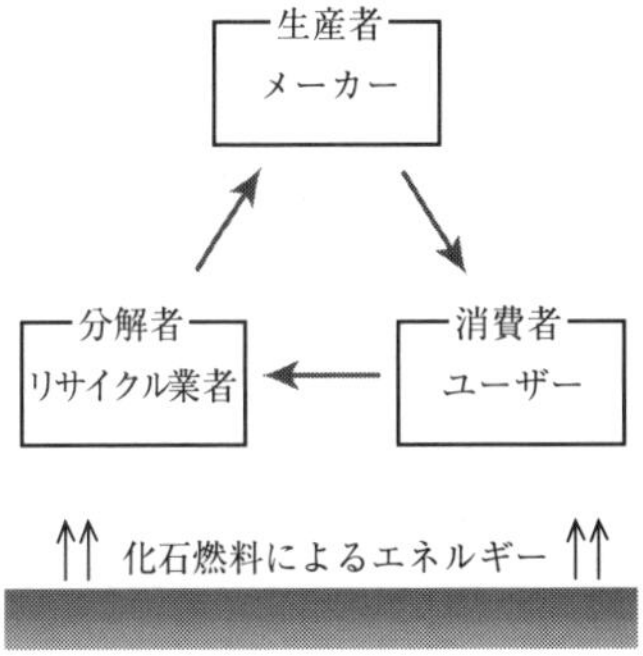

(b) 私たちの社会における物質循環

図1・5　自然の生態系に学ぶ必要性

にもライフスタイルの見直し、具体的にはリサイクル（再生利用）よりもリユース（再使用）、よい物を長く大切に使うことが問われるわけである。
現在の環境問題への配慮は私たち自身のためというよりはむしろ、次世代への配慮ともいえる。環境倫理にいう世代間倫理である。後の世代の人たちから恨まれないためにも、自分自身の問題としてとらえ、考え、行動することが問われているのである。

参考文献

（1）『環境白書（平成13年版）』四〇ページ、環境省編、ぎょうせい、二〇〇一年。
（2）『世界国勢図会 2001/02、2002/03』矢野恒太記念会編集・発行、二〇〇一年、二〇〇二年。
（3）C・ポンティング著、石 弘之ほか訳『緑の世界史 上（朝日選書五〇三）』朝日新聞社、一九九四年。
（4）中村友太郎、関根靖光、小林紀由、瀬本止之編著『環境倫理――「いのち」と「まじわり」を求めて』北樹出版、一九九六年。

2章 地球の自然環境と生物

人間活動による地球環境の汚染は、いまや最も認識度が高い部類の世界共通の問題である。「汚染」とは、「人間活動の結果として、環境中のある物質のレベルが異常に高くなった場合」をいう。異常とは正常に対して用いる言葉であり、正常とは物質が本来あるべきレベルにあること、つまり自然そのままの状態をいう。したがって地球環境の汚染を問題にするまえに、まず地球の自然環境を知る必要がある。この自然環境の中で、生物は環境に適応した生態系を構成し、環境の変化は生態系に大きな影響を及ぼすことになる。一方生物は環境における物質の循環や環境の浄化に大きな役割を果たし、生物が自然環境の維持に貢献していることも見逃せない。環境と生物は双方向に作用を及ぼしながらバランスを保っているというのが、自然の姿である。

1 地球のプロフィール

地球は赤道半径六三七八、極半径六三五六キロメートルの大きさをもつ回転楕円体の惑星で、太陽からの距離は約一億五千万キロメートル、年齢は約四十六億年だといわれる。中心から約三五〇〇キ

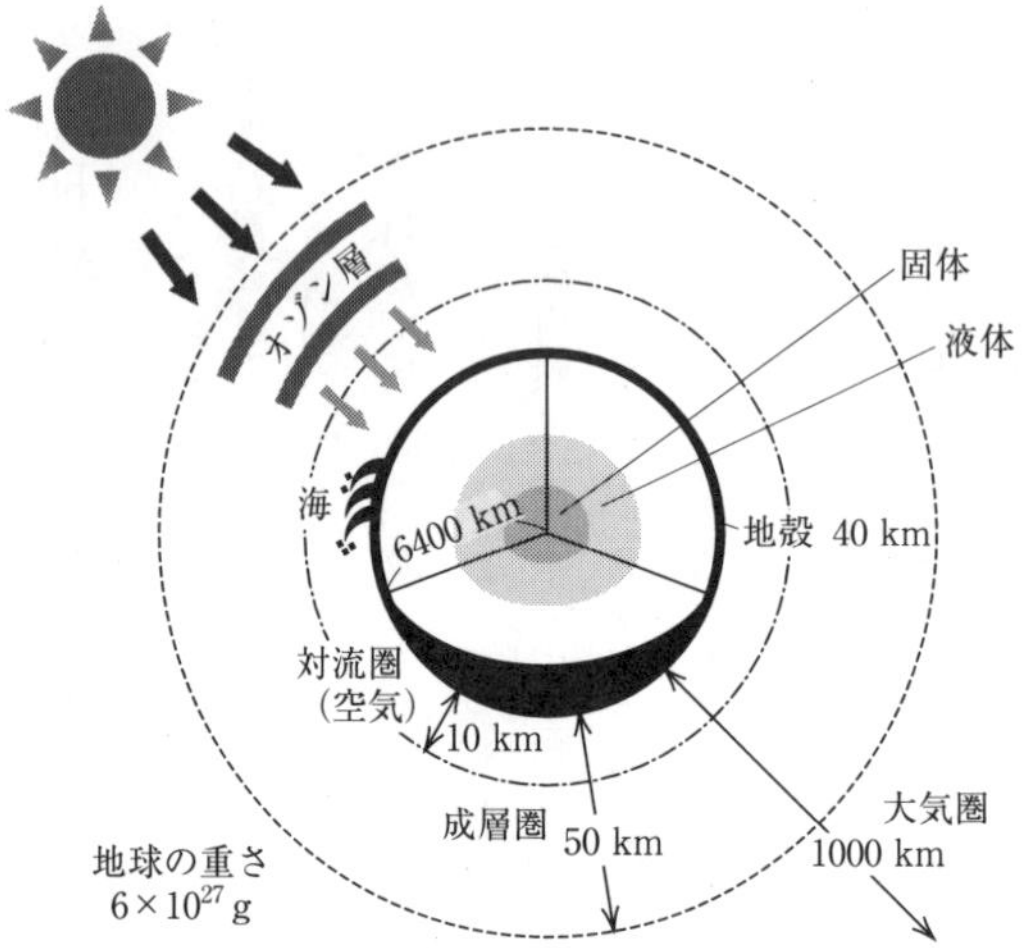

図 2・1　地球環境の概念図

ロメートルまでのコアは密度の高い固体の金属からなる内核と、液体の金属からなる外核に分けられ、その周りにケイ素・酸素・金属からなる化合物（ケイ酸塩）を主体とする岩石質のマントルがある。地表から深さ約四十キロメートルは地殻といい、その約九五％は火成岩からできている。

地球表面の七一％は海で、陸地の表面は火成岩の風化物を母材とする土壌で覆われている。人間が生活している地殻のほんの上層部は、海洋、河川などの水をたたえ、大気に囲まれている。これから問題にする環境とは、人間生活に影響を及ぼす大気、水および土壌などの自然環境を指し、それを地球環境とよんでいる。

地球環境をより詳しく理解するため、構成物質の状態に応じ、大気圏・水圏・岩石圏（土壌圏）に分けて考える。なお生物の生息する生物圏は、この三つの圏にまたがって存在する。地表千キロメートルまでの上空を大気圏とよび、ここまでが地球の環境ということになる。地球環境のイメージを図2・1に描いた。

2　大気圏とオゾン層

地表から約千キロメートルまでの大気圏は気体からなっている。地表から約十キロメートルまでを対流圏、その上部から五十キロメートルまでを成層圏とよぶ。対流圏の大気を空気といい、乾燥空気の約七八%が窒素、二一%が酸素、〇・九%がアルゴンで全体積のほとんどを占める。二酸化炭素は現在〇・〇三七%（三七〇ppm、一ppmは百万分の一）で、火星や金星の大気では約九五%を二酸化炭素が占めているのとは大きく異なっている。このほかに希ガス、アンモニア、過酸化水素、メタン、二酸化硫黄、窒素酸化物（NO および NO_2）などの微量成分が存在するが、人間活動の結果、二酸化炭素、二酸化硫黄、窒素酸化物などの量が増えてきたことと、フロンなどもともと空気中にはなかった物質が地球から放出されていることが、環境問題をひき起こしている。

実際の空気は水蒸気を〇～四%含んでいるが、その量は天候、季節、地域によって異なるので、通常空気の組成は水蒸気を除いた乾燥空気で表している。

地球のように大気中に分子状の酸素（O_2）をもつ惑星は珍しい。地球でも二七～三十億年前には現在の一万分の一程度の量だったらしい。酸素は紫外線によって水が分解されて生成したものと考えられ、植物が発生してからは光合成により急激に増加したが、海水に吸収されて鉄を酸化し、海底に大規模な鉄の堆積物を形成した。その後、酸素は大気中に蓄積していったが、動物の発生により減少し、

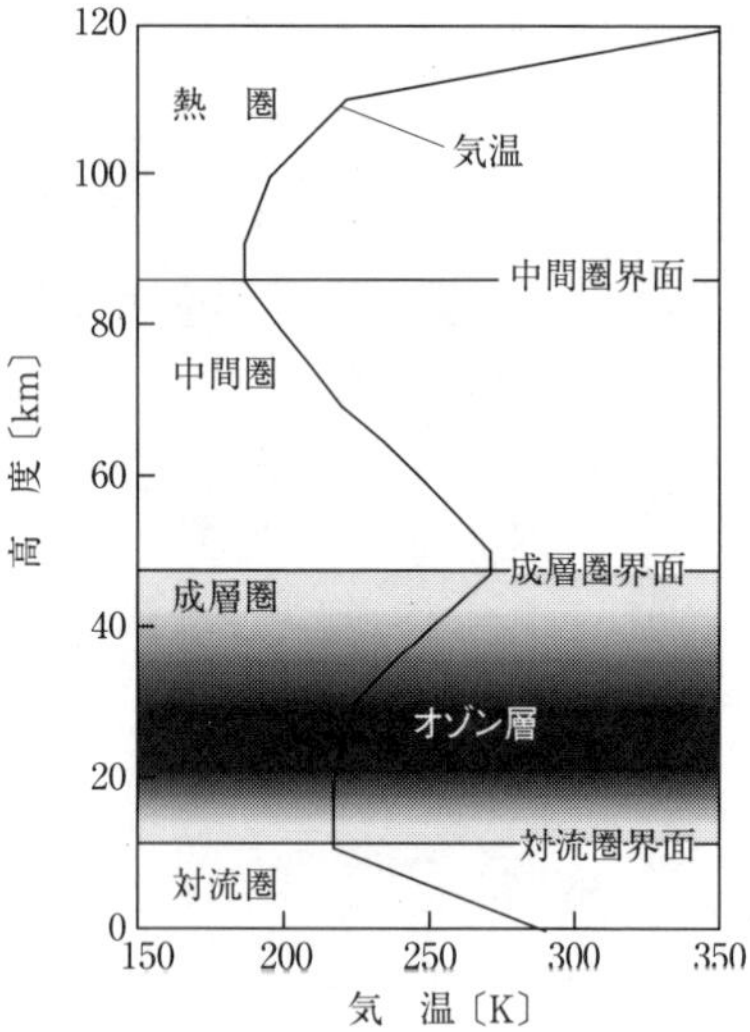

図2・2　大気圏における気温および
オゾン濃度の高度変化

長い年月を経て現在の状態に落ち着いた。

オゾン（O_3）の地表近くの濃度はごく少ないが、地表二五キロメートルを中心に、一五～四〇キロメートルの高さには、オゾン濃度の高い部分が存在し、この領域をオゾン層とよんでいる。オゾンは生物に有害な太陽からの紫外線（波長二八〇～三一五ナノメートル、一ナノメートルは十億分の一メートル）を吸収し、生物圏の生命を保護する重要な役割をもつ。一方オゾンが吸収した紫外線は熱に変えられ、成層圏の熱源になっている。

図2・2に示すように、対流圏では高度一〇〇メートルごとに温度は約〇・六度（摂氏）下降するが、成層圏に入ると徐々に上昇し、地球大気は高度五〇キロメートル付近に温度のピークをもつようになる。

太古の大気圏にはオゾン層がなかったため、太陽光のすべての紫外線が地球に到達し、陸上で生物は生きられず、紫外線の届かない海中で原始的な微生物が発生した。酸素と紫外線の光化学反応によってオゾンが生成し、成層圏にオゾン濃度が高まると、生物は徐々に陸上に出現してきた。なお、オゾン層にあるオゾン量はさほど多くはなく、常温常圧の純気体として地表に積もらせたら約三ミリメートルの厚みしかない。

3　地殻と土壌

地球の表面を少し詳しくみてみよう。地表面から深さ約二九〇〇キロメートルまでは、ケイ酸塩からなるマントル（岩石圏）である。ケイ酸塩とはケイ素と酸素からなる骨格のすき間に金属イオンが入った結晶質の造岩鉱物で、ガラスもこの種のものである。

地表から深部へ約四〇キロメートルの部分の地殻は、火成岩が九五％を占めるので、地殻における元素の存在度は火成岩の平均化学組成で表している。図2・3に地殻を構成しているおもな元素を示す。最も多いのは酸素で四七％、二番目はケイ素で二八％、ついでアルミニウム、鉄、カルシウム、ナトリウム、カリウム、マグネシウムがそれぞれ数％を占め、これらは主成分元素とよばれる。二六番元素の鉄がこの中でいちばん原子番号が大きいことからわかる

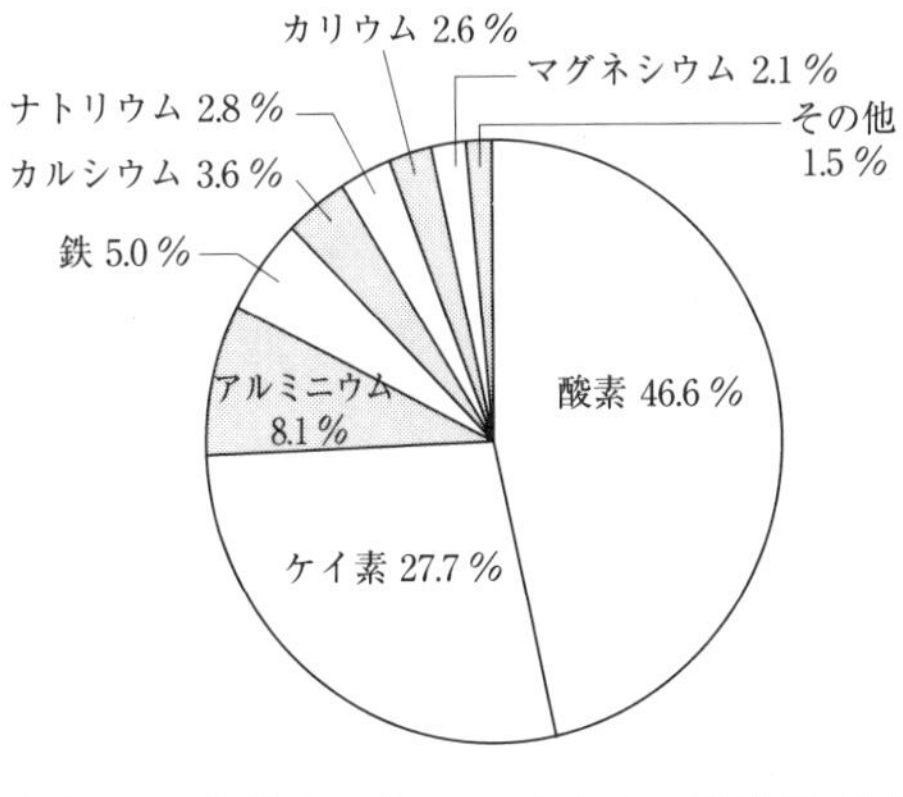

図2・3　地殻をつくっているおもな元素（重量％）

ように、地殻では比較的原子番号の小さい元素の存在度が大きいことが特徴で、原子番号一番の水素から二六番の鉄までで九九％を占めている。この中には昔からよく使われてきた銅、スズ、亜鉛、鉛などは入っていない。これらは鉱石をつくってまとまって産出する元素であるため手に入れやすかったことと、鉱石の製錬がしやすいため身近にあっただけで、火成岩中の存在度が大きいわけではない。また空気中の酸素は分子として単独で存在するのに対し、地殻ではケイ素と結合して岩石質の骨格をつくったり、金属の酸化物をつくるのに使われている。火成岩にはその他、微量ながらも九二番元素のウランまでほぼすべての元素が含まれている。

私たちは土壌の上で生活しているが、これは地殻の表面のほんの薄い層にすぎない。土壌は岩石の風化で生じた無機質の粒子状物質と、植物の分解残留物である有機物を含む複雑な混合物である。土壌はこのような固体物質のほか、体積比で五〇％は水と空気が占めているが、これらの構成比は土壌の種類によって大きく異なる。地球全体からみれば土壌の占める部分はわずかだが、水の循環にも寄与し、植物の生育を支え、人間活動に大きくかかわっている。土壌は、生物の存在を可能にした物質でもある。

4 地下資源

金属鉱床

人類は岩石の中に有用な元素を見いだし、資源として利用してきた。有用元素が凝集している岩石を鉱石といい、鉱床とは経済的に採掘できる程度に十分な量の鉱石が集まっているところをいう。人間が最初に利用した金属は銅であった。その後、銅鉱石にスズ鉱石を混ぜると強度が増すことを発見して、最初の合金である青銅を生み出した。

金属鉱床には、ニッケル、クロム、銅、鉄、鉛、亜鉛、金、銀、タングステン、モリブデン、ウラン、マンガンなどの鉱床があるが、それぞれ複雑な成因と歴史をもっている。

化石燃料鉱床

エネルギー源として、また二十世紀の花形としての石油化学産業を築いた石油や、再び注目されている石炭は、化石燃料鉱床を形成している。これらは金属鉱床とは違って、有機物を主体とするものである。石炭には植物組織が残っていることから、植物起源であることは明らかである。植物が地下に埋没し、脱水・脱炭酸・脱メタンによって、泥炭、亜炭、褐炭、れき青炭を経て無煙炭に至る過程を石炭化作用という。石炭の埋蔵量は、米国、旧ソ連、中国が特に多く、世界の六六%を占める。

石油の成因については、ケロージェン説が主流である。ケロージェンとは、生物の死後、有機物が微生物に分解され、種々の化学反応を経て形成された高分子化合物である。このケロージェンが埋没して温度が上昇し、熱分解すると原油が生成する。石油は多種多様な炭化水素と硫黄・窒素・酸素等の化合物との混合物である。石油の確認可採埋蔵量は約一兆トンといわれるが、中東地域が圧倒的に多く六五%、中南米一五%で世界の約八〇%を占め、旧ソ連、米国、中国がそれぞれ数%産出している。現在の消費レベルでいけば、世界全体で数十年しかもたないことになり、地域に適したエネルギー開発が必至である。

地　熱

地熱も大切な資源である。地熱は地球内部の熱エネルギーであり、火山地帯の温泉や噴気現象として身近にみることができる。地熱資源は金属鉱床や化石燃料鉱床とは異なり、採取した熱水を直接利用するのではなく、熱水のもつ熱エネルギーだけを利用するもので、使用後の水は河川に放流したり、地中に戻したりする。また地熱は地球内部の熱エネルギーだから、適切に使えば半永久的な資源として利用できる。

5　水の惑星

地球だけが液体の水をもっている太陽系でただ一つの惑星である。太陽からの距離、大気の組成と量によって決まる地球表面の温度が、液体の水の存在を可能にした。地球が「水の惑星」といわれるのもこのためである。約三五億年前、海の中から生命が誕生した。当時、大気圏にはオゾン層がなく、生物に有害な紫外線をカットする役割を海洋が果たしたためである。

地球全体の水量のうち、海水の占める割合は約九七％で、三％が陸水に当たる。陸水の約九〇％はグリーンランドや南極の氷床や山岳氷、残りが地下水、湖沼水、河川水などである。水圏の温度範囲はきわめて狭く、熱帯地方の海洋でも三十度を超えることはなく、北極海、南極海でマイナス二度程度である。水は地球において生命活動を支えているほかに、地球表面における物質の循環の媒体として重要な役割を担っている。

海　水

海洋は、地球が誕生して八億年後にはすでに存在していた。表面の海水は弱アルカリ性だが、深さが増すにつれて弱い酸性を帯びてくる。海水は、塩化物イオン、ナトリウムイオン、硫酸イオン、マグネシウムイオンを主成分とする水溶液で、微量ながらもすべての元素が存在すると考えてよい。また海水は二酸化炭素の最大の吸収源でもある。地球が誕生したころの大気成分はおそらく二酸化炭素と窒素だったが、二酸化炭素は海水中のカルシウムイオンと結合し、炭酸カルシウム（石灰岩）として除かれた。火星や金星の大気のほとんどが二酸化炭素であるのに対し、地球大気の二酸化炭素量が少ないのはこのためである。

河　川

雨水、雪、氷河、わき水などの水を集めて海岸に運ぶ役目をしているのが、水圏の一部を構成している河川である。上流で降った雨水が岩石と接触して流れていく過程で、溶出しやすい元素を溶かしてくるため、その化学組成は流域の地質をよく反映している。河川水は塩化物イオン、ナトリウムイオン、マグネシウムイオン、カルシウムイオンなどいろいろなイオンを含んでいるが、生物の作用によっても多くの物質を溶かしてくるので、有機物を多量に含んでいる。

石灰岩地域が多い欧州では、火山岩地域が多い日本に比べて、河川水のカルシウムおよびマグネシウム濃度が約三倍と、著しく高い値を示している。現在、都市の飲料水の三分の二は河川水によってまかなわれているので、地域によって水の味が異なるのは河川水の化学成分の微妙なバランスの違いによる。表２・１に世界の河川水の平均化学組成を示した。

水の循環

水圏では海面や地表から蒸発した水が、大気中を十日間くらいかかって約千キロメートル運ばれ、雨や雪として再び海面や地表に戻る。地表に降った雨のほとんどは地面にしみこんで地下水脈に入り、残りは陸上を川となって流れ、やがて海へ運ばれる。地球における水の循環は、蒸発、水蒸気の輸送、降下という経路が主であるが、バイパスとして生物を通過する。地球全体で蒸発と降下のバランスはつりあっている。

生命は水から生まれたというほど、生物の生命の維持には水は不可欠の物質である。

表2・1　世界の河川水の平均化学組成〔mg/L〕

地　域	溶存 SiO_2	Ca^{2+}	Mg^{2+}	Na^+	K^+	Cl^-	SO_4^{2-}	HCO_3^-
アフリカ†	12.0	5.3	2.2	3.8	1.4	3.4	3.2	26.7
北　米†	7.2	20.1	4.9	6.5	1.5	7.0	14.9	71.4
南　米†	10.3	6.3	1.4	3.3	1.0	4.1	3.5	24.4
アジア†	11.0	16.6	4.3	6.6	1.6	7.6	9.7	66.2
欧　州†	6.8	24.2	5.2	3.2	1.1	4.7	15.1	80.1
オセアニア†	16.3	15.0	3.8	7.0	1.1	5.9	6.5	65.1
日　本††	19.0	8.8	1.9	6.7	1.2	5.8	10.6	31.0

†　M. Meybeck, *Rev. Geol. Dyn. Geogr. Phys.*, **21**, 215 (1979) による
††　小林 純，農学研究，**48**，63 (1960) による

6　水圏生態系

湖沼や海洋などの水圏に生息する微生物は、一般に栄養分が枯渇した状態にあると考えられている。表層の太陽光線が十分に届く範囲では、ラン色細菌（ラン藻）や微細藻類などの光合成を行う微生物は、エネルギー源となる光線よりもむしろ窒素やリンなどの栄養塩類によって増殖や代謝活性が制限されている。

湖沼

ある程度の深さの湖であれば、水深が深くなるほど水温は低くなるが、その変化は一様ではなくある部分で急激に低下する。その部分を水温躍層とよび、たとえば琵琶湖の場合は、水深約二〇メートルの部分に形成される。水温躍層をはさんでそれより上を表水層、下の部分を深水層に分けている。温帯にあるこのような湖では、寒くなるにつれて表水層が冷やされ、水の密度が最大になる（四度）と、深水層の水と逆転する。この現象は再び暖かくなる春先にもみられ、これによって酸素が深い場所へも供給され、また有機物や栄養塩類を大量に含む底泥が表層へ巻き上げられるので、微生物の活動が活発になる。

河川

河川水は下流にむかって移動しているが、そこに生息する生き物は流速や水底の構成物質の違いによって大きく影響されている。浅い水辺には水生植物が育ち、プランクトンなどは水の流れにのって生きている。微細藻類や細菌などの微生物は、河床の付着層に生息し、これは栄養塩類や有機物を減少させる働きがあり、河川の自浄作用に大きく寄与している。

沿岸域

沿岸域は海洋の総面積からみるとおよそ一〇%を占めるにすぎないが、陸からは有機物や栄養塩類が供給され、さらに波によって生物や海底に沈殿した物質が打ち寄せられるために、養分に富んでおり、高い生物密度を維持することができる。潮の干満の影響を受ける干潟も生物が豊富で、陸から大量に供給される栄養塩類の取込みの場でもあり、生態系保全のうえで重要である。

外洋

外洋は沿岸域に比べて陸からの影響は少ない。一般に、一〇〇メートルほどの深さまででは植物プランクトンが光合成を行うが、窒素やリンなどの栄養塩類が少なく、沿岸域に比べて生物量は一般に少ない。これよりも深い部分では光合成は行われにくいため生産量は高くないが、表層からの有機性沈殿物のせいで栄養塩類は豊富である。深水層の海水は海底面を広く循環しており、太平洋北部などの地域では表層までわき上がっている。これに伴い海底の栄養塩類は浅い場所へと移動するので、太陽光を受けて植物プランクトンが大量に増殖し、それをえさとする魚の繁殖を可能にしている。

7　土壌生態系

適度な水分を保ち、空気を含んだ柔らかな土は、植物にとって良好な生育の場を提供する。このような土の中では植物は根を張ることも容易で、硝酸塩やリン酸塩などの栄養塩類を効率よく吸収する。地表に落ちた枯れ葉、生物遺体、排泄物などはやがて分解され土にかえる。この分解を行っているのは土の中の小型の生き物、たとえばミミズやトビムシ、ダニの仲間や、原生動物、糸状菌、細菌などの微生物である。スプーン一杯ほどの森林土壌には、日本の人口をかるく超えてしまうほどの数の土壌微生物がいて、土壌表面にもたらされた有機物を分解しエネルギーを得ている。

土壌をつくる粒子はとても小さく、のりのような役目をもつ有機物によって互いに接着し、団粒とよばれる小さな固まりを形成している（図2・4）。団粒構造は隙間に空気を含み、適度な水分も保持されているので、植物は根を張りやすく、また土壌生物にとっても住みやすい場所である。

微生物は利用しやすい物質から先に分解してしまうので、リグニン、セルロース、ヘミセルロースなど、植物組織の骨

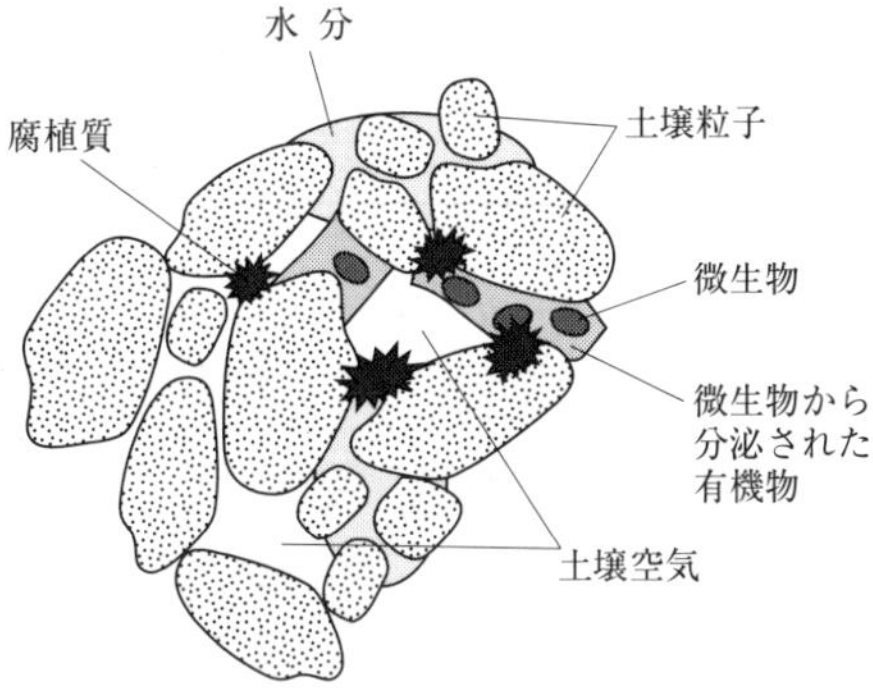

図2・4　土壌の団粒構造

格ともいえる成分は分解されずに土の中に残る。そしてこれらの成分は長い時間をかけて結合し、複雑な構造をもつ腐植質へと変化する。このようにしてできた腐植質は茶褐色から黒色をしており、土の中に長く存在する。そして微生物による緩やかな分解作用を受けて、結合していた窒素やリンなどが離れるので、これらは植物にとって貴重な栄養塩類を長い間にわたり供給できる環境をつくる。

団粒とならない土は空気を含みにくいので固く締まり、植物も根を張れない。また保水力も低いため土の中に雨水をためることができず、少しの降雨によっても洪水をひき起こしやすい。土壌粒子だけではなく、有機物を供給する動植物、そしてそれらを分解する微生物の働きで豊かな土壌が維持されている。

8　生物圏のしくみ——物質循環——

動物、植物、微生物などの生き物が生息する地球の表層部である生物圏では、炭素、酸素、水素、窒素、硫黄、リンなど、生物のからだをつくり上げている元素（生元素）が化学的形態をさまざまに変えつつ、絶え間なく循環している。これらの循環を総称して物質循環とよび、それぞれの元素については、たとえば炭素の循環といって区別している。これらの物質循環のバランスが保たれていれば、生物圏の恒常性は維持されるが、その流れに過剰な負荷がかかるといろいろな問題をひき起こす。物質循環へ与える人間活動の影響と地球環境問題は、いまや切り離すことのできない関係にある。

炭素の循環

タンパク質や核酸などの生体構成成分の骨格は炭素であり、生き物にとって基本的な元素といえる。生き物に利用される最も単純な炭素化合物は二酸化炭素で、緑色植物の行う光合成によって糖類に変えられ、そのとき酸素が副産物として大気へ排出される。糖類はさらに複雑な反応を経てそれぞれの生体成分にまで生合成される。この光合成によって、炭素に換算すると年間一〇〇〇億トンもの二酸化炭素が植物に取込まれ、これは生物圏で起こる反応の中でも最大であるといわれている。植物に取込まれた炭素は有機物としてこれを栄養源とする動物や微生物に利用される。（これらの生物を、光合成由来の有機物に依存するという意味で従属栄養生物とよび、光合成を行う独立栄養生物と区別することがある。）この有機物は呼吸で再び二酸化炭素に戻り（無機化）、炭素の循環が完結する（図2・5）。植物自身も自分で合成した糖類を呼吸の基質に利用し、そのとき得られるエネルギーを生命活動の維持に利用する。無機化されなかった有機物は、その生物のからだをつくり上げる成分に変換されたり、貯蔵物質となって蓄えられる。

空気が届きにくく、しかも有機物が豊富な環境、たとえば川の底泥やゴミ処分場などでは、酸素を嫌う微生物（嫌気性微生物）の働きが活発で、有機物は酸化分解される代わりに還元され、その結果メタン（CH_4）、二酸化炭素（CO_2）などの気体を生成する。メタンは可燃性ガスであることから、うまく集めることができれば燃料として有効利用できる。一方、大気へ放出されてしまったメタンは二酸化炭素と同様に温室効果ガスとして機能し、しかも近年大気中の濃度上昇が著しいために、その影響が心配されている。

窒素の循環

タンパク質は二〇種のアミノ酸が遺伝情報に基づき結合したものであるが、そのアミノ酸のアミノ基（$-NH_2$）を構成する成分として窒素は必須である。遺伝情報を担うDNAやRNAといった核酸にも窒素が含まれ、やはり生命維持に欠かせない元素である。生物に使われる窒素の起源は空気に含まれる窒素ガスで、アンモニア（NH_3）に変換されてはじめて一般の生物に取込まれる。空気中の窒素ガスをアンモニアに変えることができるのは、一部の細菌のみであり、その過程を窒素固定とよぶ。窒素固定能をもつ細菌の種類は限られているが、土壌（アゾトバクターなど）や水田・湖（ラン色細菌）に広く分布し、また植物の根に共生（根粒菌）して、生物が利用できる窒素分の

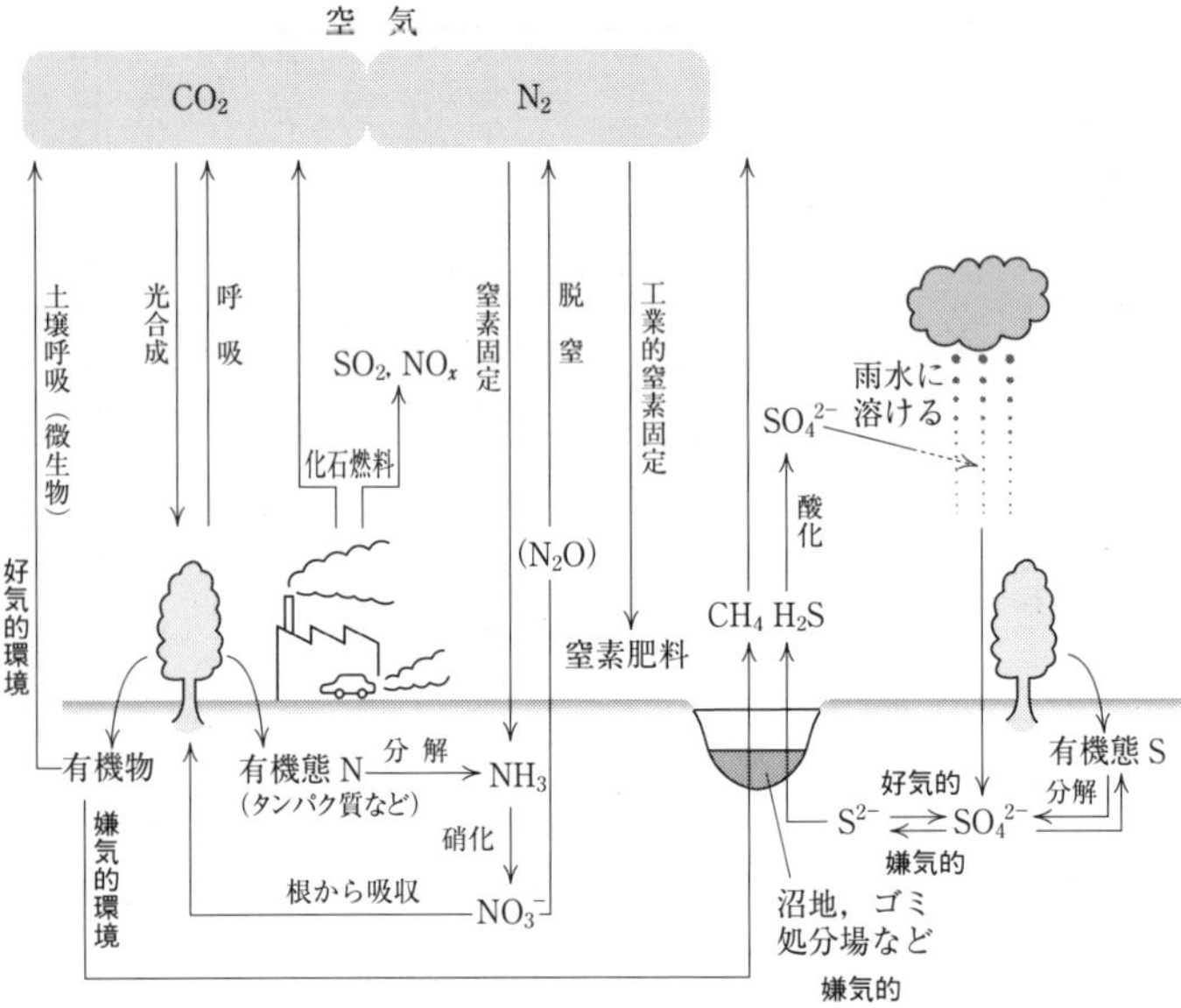

図2・5　物質循環

供給に寄与している。

生物遺体や排泄物などに含まれるタンパク質や核酸などの含窒素成分は微生物の作用で分解され、アンモニアへと戻る。そのアンモニアは再び植物に吸収される場合もあるし、空気と接する環境（好気的環境）では硝化細菌の働きによって亜硝酸イオンを経て硝酸イオン（NO_3^-）にまで酸化される（硝化）。高濃度のアンモニアは生物にとって有害であり、また植物が根から吸収しやすい窒素の形態はアンモニアよりも硝酸イオンである。細菌の中には硝酸イオンを使って呼吸するものがいて、副産物として窒素ガスを大気中に排出する。この脱窒の過程で一酸化二窒素（N_2O）などの温室効果ガスも発生する（図2・5）。

硫黄の循環

硫黄はシステイン、シスチン、メチオニンなどのアミノ酸に含まれ、タンパク質を形づくる際の重要な成分である。硫黄は水圏や土壌にはおもに硫酸イオン（SO_4^{2-}）や硫化物イオン（S^{2-}）として存在し、大気には二酸化硫黄（SO_2）や硫化水素（H_2S）などとして放出されている。生物遺体に含まれる硫黄は微生物によって硫化水素や硫酸イオンに分解される。硫酸イオンが存在し、しかも酸素が少なく有機物に富むような環境、たとえば底泥や沼地などでは、硫酸還元細菌の働きによって硫化水素が発生する。一方、好気的環境では硫黄化合物はある種の細菌によってエネルギー源として利用され、硫酸イオンを生成する（図2・5）。

化石燃料の燃焼や金属の製錬に伴って大量の二酸化硫黄（SO_2）が大気へ放出されてきた。これは窒素酸化物（NO_x, x = 1, 2）とともに酸性雨の原因物質となるために、対策が立てられ、先進国での排出量はすでに減少傾向にある。

大気へ放出された硫黄化合物の大部分がすぐに空気中の酸素によって酸化されて、硫酸イオンへ変わり、水に溶けてしまうので、比較的短期間で降雨となって地表へ降り注ぐ。そのため硫黄化合物による大気汚染は、全地球的というよりはむしろ地域の限定されたものと見なすことができる。

気体状の硫黄化合物の一種である硫化カルボニル（酸化硫化炭素、COS）は、地表から大気へ放出される他の硫黄化合物とは異なり、大気中でも安定なため酸化を受けにくく、対流圏を越えて成層圏まで運ばれ、そこではじめて紫外線による分解を受け、硫酸イオンとなる。すると、これを核とするエアロゾルが形成され、大気の上層に雲ができやすくなり、太陽光線の地上への放射量を軽減させることとなる。

リンの循環

リンを含む生体分子の中で最も重要なものは、遺伝情報を担うＤＮＡと、エネルギー変換をつかさどるＡＴＰである。このほかに細胞膜や神経組織にはリン脂質が存在する。地殻にはリン酸塩として重量で約〇・一％含まれ、これらは生物遺体や海鳥の群生地の大量の排泄物などの堆積物に由来する。採掘されたリン鉱石は大部分が化学肥料として使われ、溶存性のリンは土壌への蓄積、雨水による溶け出し（溶脱）の過程で河川を経て最終的に海へ到達し、生物体に取込まれたあと沈降する。

リンは自然環境下では窒素とともに不足しがちな元素で、生き物、特に微生物の成育の制限因子となる。そのため、化学肥料を過剰に使ったり、生活排水・畜産排水の増加によって湖や沿岸海域にリンが増えると、プランクトンなどの増殖を促し、アオコや赤潮の発生の原因となる富栄養化をもたらす。一方、資源としてみた場合、リン鉱石の埋蔵量は枯渇状態に近づきつつあることから、これからは効率的に回収する技術を工夫する必要がある。

9　自浄作用と環境汚染

物質循環の流れが何かの理由でとどこおってしまうと、深刻な環境汚染をひき起こしかねない。河川に流れ込む生活排水には有機物が豊富に含まれ、この有機物は水圏の微生物にとっては良好な栄養源となる。これが下流に向かって流れ下る間に、川底の岩などに付着した微生物に取込まれ、無機化されて、再び清浄な水に戻る。このように自然界の生物の作用で、物質循環の流れに乗って汚濁物質が分解され、清浄な環境を取戻すことを自浄作用とよぶ。しかし、微生物の分解能力を超えるような大量の有機物が流入したりすると、自浄作用が間に合わず、分解しきれなかった有機物によって水質汚濁がひき起こされる（4章参照）。そこで、人口の集中する地域ではあらかじめ処理場を設けて、集めた汚水を活性汚泥法により微生物を用いて処理した後に河川に流すことで、有機物質による汚濁を防いでいる。

人類が新たに合成した化合物は、自然界にはもともと存在しない。微生物による分解反応も受けにくく、そのため物質循環の流れにも乗りにくい。このような化合物のことを難分解性物質とよぶ。たとえば、かつては絶縁材などに使われていたＰＣＢは毒性のあることが明らかとなり、一九七二年以降、製造禁止となったが、いまだに世界各地で土壌汚染が見つかるなど問題となっている。私たちの生活に便利な化合物は、ただ使うばかりではなく、廃棄された後に物質循環の流れに乗るのかどうか、それぞれの化合物が環境中でたどる運命を知ることも必要である。

10　バイオレメディエーション

汚染された地域を浄化する技術として、微生物や植物を利用する方法をバイオレメディエーションという。高等生物には利用できない、あるいは毒性を示すような物質に対しても、それを取込んで分解してしまう微生物を土壌や水圏から見つけだす努力がなされている。微生物による分解は酵素反応なので、概してゆっくりではあるが温和な条件で進行し、しかも反応の経路をあらかじめ調べておくことによって、有毒な副産物などがつくられていないことなどもチェックできる。そのためこの方法は有望視されている。たとえば土壌汚染の場合、従来は非汚染土壌の導入・燃焼・セメント固化などの方法によって汚染物質を取除くのに対し、微生物による浄化では、分解菌がその物質を細胞に取込み代謝することによって、二酸化炭素までの完全分解、あるいはより毒性の低い物質への変換が行われる。対象となる物質はガソリンや重油などの石油系化合物や溶剤などであるが、ＰＣＢや地下水汚染で問題となっているトリクロロエチレンなど、その応用範囲は広がりつつある。分解微生物の栄養となる物質を与えたり、分解に関与する酵素を活性化する物質を与えることで、その場所の土着の微生物の中から分解菌を増殖させる方法がとられるが、浄化が望めないような場合には分解能力に優れた微生物を導入することも考えられる。

植物ではカドミウム、鉛、クロムなどの重金属類の蓄積に優れているものがあり、これには重金属結合性のペプチド（アミノ酸が短くつながったもの）の働きが明らかになっている。この性質を利用して重金属を植物体へ濃縮し、さらに刈り取りによって汚染地域から除去する。このような植物を用いた浄化は、特にファイトレメディエーションとよばれる。

参考文献

・不破敬一郎、森田昌敏編著『地球環境ハンドブック 第二版』朝倉書店、二〇〇二年。
・『地球化学』松尾禎士監修、講談社サイエンティフィク、一九八九年。
・西村雅吉著『環境化学（改訂版）』裳華房、一九九八年。
・ジュリアン・アンドリューズほか著、渡辺 正訳、『地球環境化学入門』シュプリンガー・フェアラーク東京、一九九七年。
・小倉紀雄、一國雅巳著『環境化学』裳華房、二〇〇一年。
・多賀光彦、那須淑子著『地球の化学と環境 第二版』三共出版、一九九八年。
・宗宮 功ほか著『自然の浄化機構』技報堂出版、一九九〇年。
・『土の世界──大地からのメッセージ』「土の世界」編集グループ編、朝倉書店、一九九〇年。
・ピーター・ファーブ著、石 弘之、見角鋭二訳『土は生きている』蒼樹書房、一九七六年。
・『地球をまもる小さな生き物たち──環境微生物とバイオレメディエーション』児玉 徹、大竹久夫、矢木修身編、技報堂出版、一九九五年。

3章　地球規模の環境問題

地球の温暖化、オゾン層の破壊、酸性雨などの環境問題は世界各地でみられるようになり、国境を越えさらに地球規模で人間や生態系へのさまざまな影響が懸念されている。これらは相互に関連しあい、複雑な問題を抱えている（図3・1）。

地球規模の環境問題は長い時間をかけてゆっくりと進行するプロセスで、異変に気付いたときには広範囲に影響が広がり、適切な対策が困難になることがある。したがって、適切な方法により環境の常時モニタリングを行い、異変を早期に発見する体制を整備しておく必要がある。これらの解決には多くの時間と費用を要するが、私たちの身のまわりの対策も大きな役割を果たすと考えられ、身近にできることから実践することが大切である。

1　環境問題と国際的取組みの経緯

環境問題の経緯

十八世紀の半ばから始まった産業革命以後、石炭、石油など化石燃料の大量消費により、大気中の

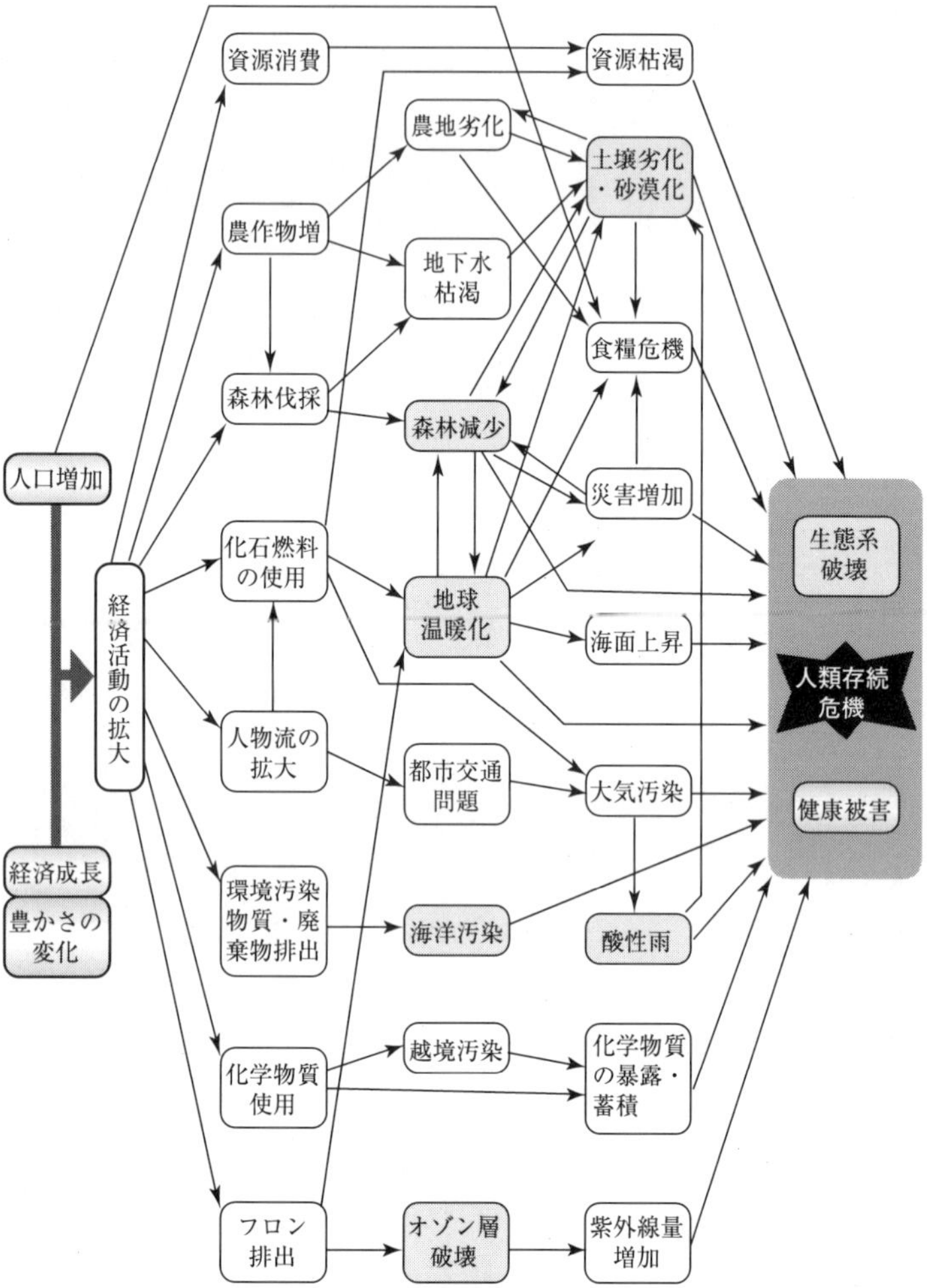

図3・1　地球環境問題の相互関係[1]

二酸化炭素濃度が上昇しはじめるなど環境汚染がしだいに進行してきた。

一九六二年に出版されたカーソンによる名著[2]「沈黙の春」は、顕在化しつつあった農薬問題に対して強い警鐘を鳴らしたものであり、近代の環境問題の出発点となっている。この概要はつぎのようなものである。

米国のある町にあるとき突然、異変が起こる。鳥が原因不明の病気にかかり、鳴き声が聞こえなくなって、川の魚も姿を消す。春が来ても生気のない「沈黙の春」。こんな災いがいつ現実となっておそいかかるか。ＤＤＴを代表とする殺虫剤、農薬の大量の使用により、害虫や雑草のみならず昆虫類や鳥類も病み、食物連鎖による影響で生態系が破壊されてしまった。

「沈黙の春」は、農薬による環境破壊だけでなく、人間中心の技術開発が自然環境の破壊をひき起こしているとの強いメッセージを私たちに伝えているのである。

わが国では、第二次世界大戦後の一九五〇年半ばごろから経済は成長過程に入り、エネルギー消費量も一九六四年までの十年間で約三倍に増加した。一方、深刻な健康被害を伴う公害が発生し、社会の注目を集めるようになった。典型的な公害病として、有機水銀による水俣病、カドミウムによるイタイイタイ病、石油化学コンビナート周辺の大気汚染によるぜん息などがあげられる。このような産業公害が全国的に広がったことから、環境汚染に対処するために法的規制が強化され、一九六七年に公害対策基本法、一九六八年に大気汚染防止法、一九七〇年に水質汚濁防止法が制定され、一九七一年に環境庁（二〇〇一年より環境省）が設置された。

わが国の環境汚染は一九七〇年ごろにピークとなったが、その後の規制の効果に伴いしだいに軽減されてきた。しかし、地球温暖化やオゾン層の破壊などの地球規模の環境問題が顕在化し、そのような問題に対処するため、一九九三年に公害対策基本法が改正され、環境基本法が制定された。

一九九六年にコルボーンらが「奪われし未来」[3]を出版し、「ＰＣＢやＤＤＴなどの化学物質は野生生物や人間の内分泌を撹乱して生殖障害を起こしている」という問題提起を行った。内分泌を撹乱する化学物質はわが国では「環境ホルモン」ともよばれ、従来の物質の毒性の概念と異なる障害が懸念されている。わが国ではこのような物質についての環境モニタリングが行われるようになり、河川水や堆積物中など広く環境中に存在することが確認されている。また環境省では、二〇〇〇年度より、人の健康や生態系に対して有害性をもつ物質について環境リスク評価を実施しており、科学的な知見に基づく効果的な対策が講じられることが期待される。

国際的取組みの経緯

一九七二年にローマクラブが「成長の限界」を公表し[4]、地球の破局を避けるために持続可能な生態学的・経済的な安定性を打ち立てることの必要性を訴えた。

一九六〇年代に先進各国でさまざまな公害が発生し、環境問題への取組みが始まった。一九七二年六月、スウェーデンのストックホルムで「国連人間環境会議」が開催された。これは国連として環境問題全般に取組んだ初めての会議であり、環境問題に取組む際の原則を明らかにした「人間環境宣言」

が採択された。そして会議の成果をもとに「人間環境宣言」および「国連国際行動計画」を実施するための機関として「国連環境計画（UNEP）」が設立された。UNEPの目的は既存の国連機関が実施している環境に関する活動を総合的に調整管理するとともに、まだ着手していない環境問題の国際協力を進めることである。

人間環境宣言が採択されたにもかかわらず、環境破壊は地域的な規模から地球規模へと拡大し、地球温暖化、オゾン層の破壊、酸性雨などの地球環境問題が大きく浮上してきた。

国連人間環境会議十周年を記念し、一九八二年にケニヤのナイロビでUNEPの特別理事会が開催され、「環境と開発に関する世界委員会」の設置が決まり、一九八四年に発足した。そして、一九八七年に発表された世界委員会の報告書で「持続可能な開発」という概念が提唱された。この意味は「将来の世代のニーズを満たす能力を損なうことなく現在のニーズを満たすこと」というもので、地球環境問題への取組みのキーワードになっている[5]。

一九九二年六月、「環境と開発に関する国連会議（地球サミッ

ローマクラブと「成長の限界」

ローマクラブは1970年に設立された民間組織で，世界の科学者，経済学者などから構成され，天然資源の枯渇，公害による環境汚染の進行などの人類の危機に対し，人類として可能な回避の道を探ることを目的としている．「成長の限界」はマサチューセッツ工科大学メドウズ助教授らに委託した研究成果をまとめたもので，その概要は“人口増加，工業化，汚染，食糧生産および資源の利用の現在の成長率が不変のままであれば，あと100年以内に地球上の成長は限界に達し，危機的な状況を迎える”という警告である．

ト)」がブラジルのリオデジャネイロで開催され、国連に加盟しているほとんどの国(約一八〇カ国)が参加した。地球サミットの目的は国連人間環境会議二十周年を記念し、地球環境問題への関心の高まりを背景に、その対策への国際的な枠組みづくりへの合意をめざし、持続可能な開発という考えのもとに開発途上国の環境と開発の問題の解決を図ることであった。そして「環境と開発に関するリオ宣言」、「アジェンダ21」および「森林原則声明」が採択され、温暖化防止のための「気候変動枠組条約」、「生物多様性条約」への署名が始まった。

一九九七年一二月、「気候変動枠組条約第三回締約国会議(COP3、地球温暖化防止京都会議)」が京都で開催され、温室効果ガスについて拘束力のある数量化された排出抑制・削減目標およびその実現のための必要な政策・処置などを定めた「京都議定書」が採択された。

その後、COP6会合では京都議定書の運用ルールの基本合意が得られ、COP7では、合意に基づく運用に関する細則を定める文書が採択された。二〇〇二年一〇月にはCOP

アジェンダ21

「環境と開発に関するリオ宣言」を受け,21世紀に向けて持続可能な開発を実現するための具体的な行動計画のことで,地球サミットで採択された.人口,貧困,住環境などの社会的・経済的側面,大気の保全,海洋や淡水の保護と管理,生物多様性の保全,廃棄物の管理などの具体的な問題についてのプログラムを示し,女性,子ども・若者,NGO(非政府組織),地方自治体等この行動を実践する主要グループの役割の強化,これらの行動を実施するための資金や技術などの実施手段のあり方が規定されている.21世紀を迎え,アジェンダ21をいかに実践していくかが課題である.

8がインドのニューデリーで開催され、京都議定書の実施に向けた細目が検討された。二〇〇二年五月にEU（欧州連合）、六月に日本が京都議定書を締結し、米国は反対を表明しているが、二〇〇五年二月に発効した。

二〇〇二年八～九月に、「持続可能な開発に関する世界首脳会議（ヨハネスブルクサミット）」が南アフリカ共和国のヨハネスブルクで開催された。このサミットは一九九二年の地球サミットから十年目を迎え、持続可能な開発に関する国際的取組みの行動計画として採択されたアジェンダ21の実施や新たな課題について議論が行われた。

2　地球温暖化

地球に入射する太陽放射のうち、約三〇%は雲や大気、地表面で反射され、約七〇%が大気や地表面に吸収され、地表面は温まる。温められた地表面から放射されるエネルギーは長波長の赤外線であり、これは大気中に存在する水蒸気や二酸化炭素（CO_2）などに吸収され、再び熱として放射されるので、地表面近くの温度は全地球平均でおよそ一五度に保たれている。これは大気からの放射による温室効果、またこのような作用をもつ気体は温室効果ガス（気体）といわれている。

水蒸気を除いた温室効果ガスのなかで最も問題となるのは二酸化炭素であり、それは産業革命以降、石炭や石油の大量使用により大気中に大量に放出され、平均気温が上昇する傾向が認められている。このように、人間活動により排出される温室効果ガスの増大により、地表面付近の温度が上昇する現

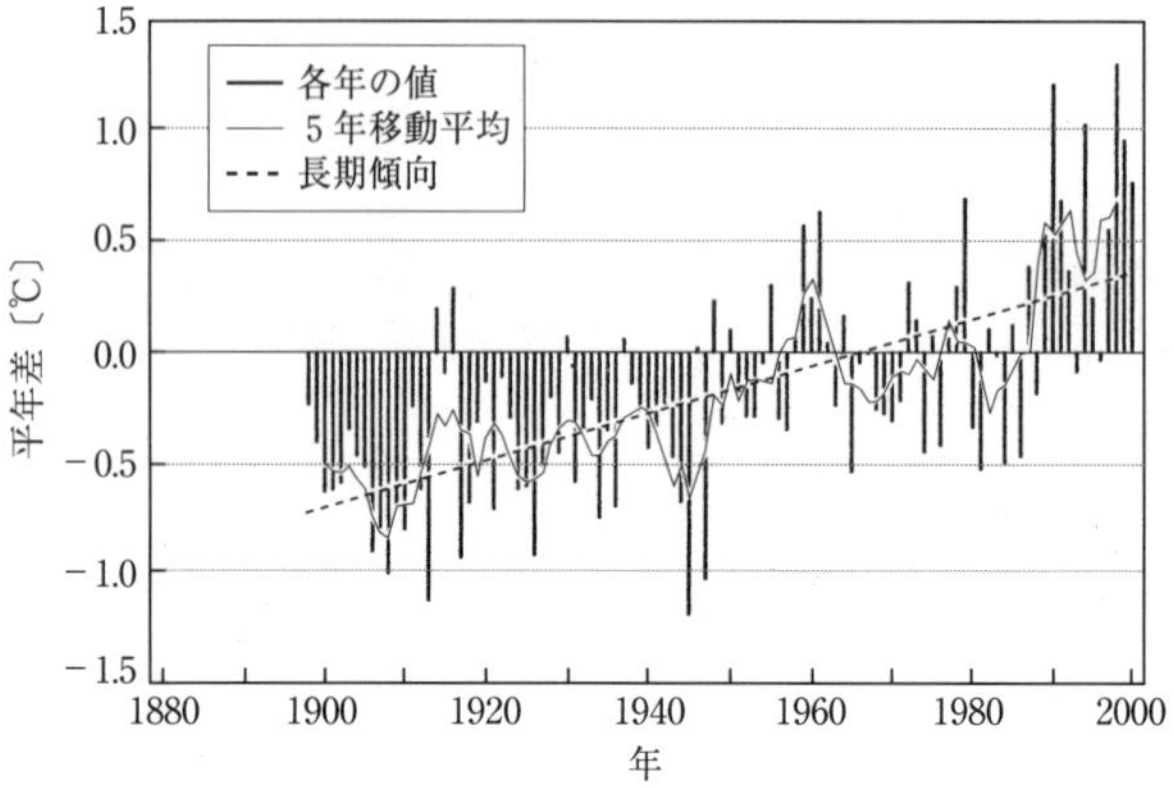

図3・2　日本の年平均地上気温の平年差の経年変化[1]

象が地球温暖化といわれている。

「気候変動に関する政府間パネル（IPCC）」の報告[6]によると、一八六一年以降、平均地上気温は〇・四～〇・八度上昇した。わが国では気象庁の観測によると、年平均気温はこの百年間で約一度上昇し、特に一九八〇年代からの上昇が著しくなっている（図3・2）。またIPCC報告の複数のシナリオに基づく将来予測によると、一九九〇年から二一〇〇年までの平均地上気温の上昇は一・四～五・八度であり、とりわけ北半球高緯度の寒冷期に温暖化が急速に進行するとされた。

温室効果ガスにはメタン（CH_4）、一酸化二窒素（N_2O）、対流圏オゾン（O_3）、クロロフルオロカーボン（日本ではフロンともよばれる）などもあるが、二酸化炭素の温暖化への寄与率が最も高く、産業革命以降の累積で約六四％を占める（図3・3）。

二酸化炭素濃度の増加

大気中の二酸化炭素濃度は、産業革命以前には二八〇

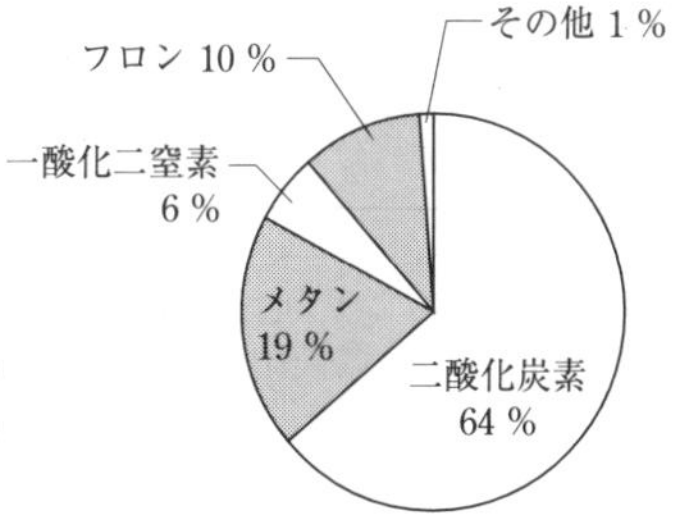

図 3・3　温室効果ガスの地球温暖化への寄与の割合[1]［IPCC，1995年］

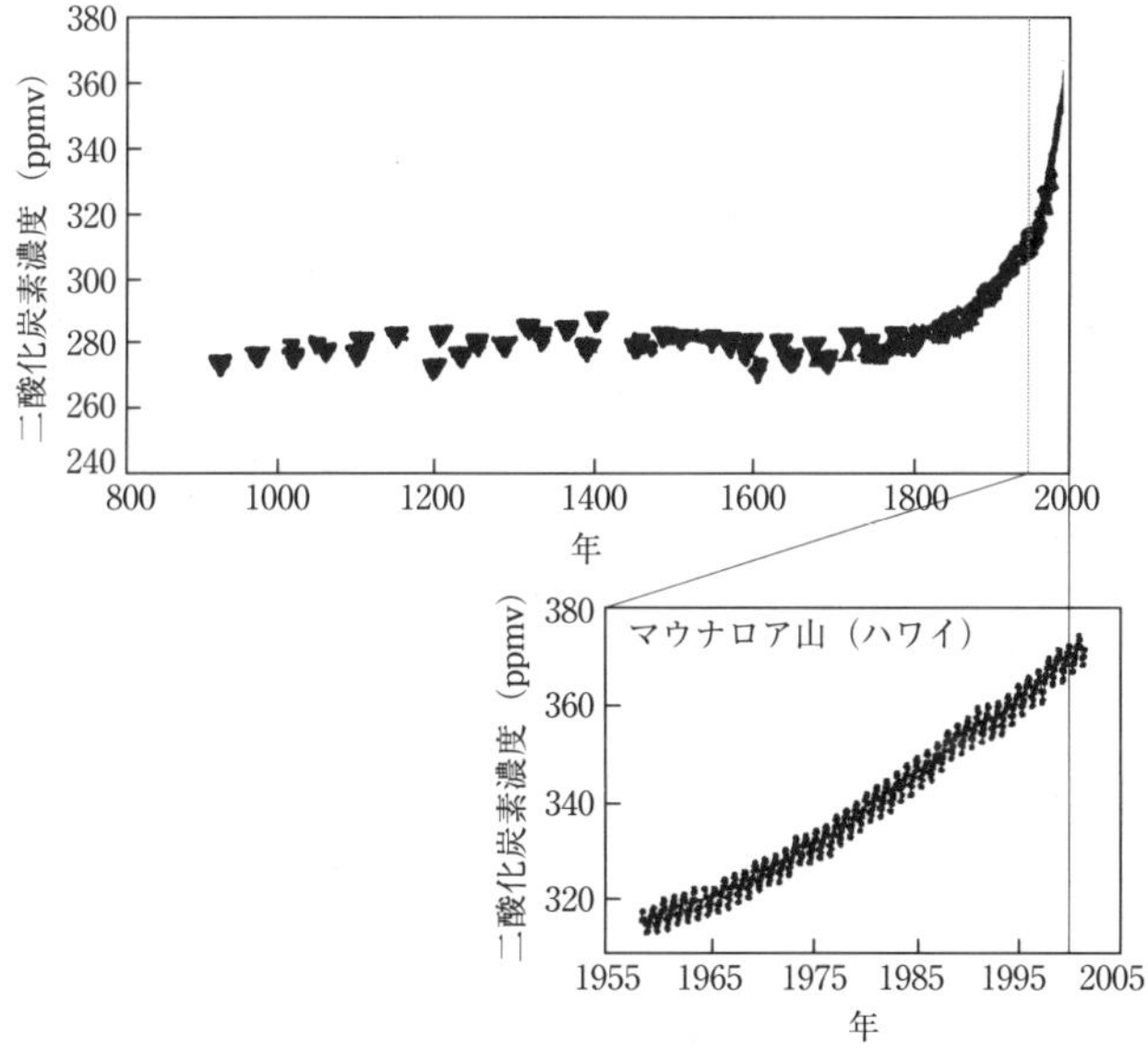

図 3・4　大気中の二酸化炭素濃度の経年変化［米国オークリッジ研究所ホームページ（http://cdiac.esd.ornl.gov/home.html）のデータ；IPCC 第 3 次報告書，2001 年］

ｐｐｍｖ（ｐｐｍｖは体積で百万分の一を示す）だったが、その後徐々に増加し、一九六〇年代には三二〇ｐｐｍｖへ、一九九九年には三六七ｐｐｍｖまで上昇した（図3・4、マウナロア山）。過去二十年間に排出された二酸化炭素のおよそ四分の三は化石燃料の燃焼によると考えられる。人間活動により排出された二酸化炭素のおよそ二分の一は海洋と陸域で吸収されるが、大気中の濃度は毎年約一・五ｐｐｍｖ（〇・四％）の割合で増加している。もしこのまま何の対策を行わなければ百年後には七〇〇ｐｐｍｖに達し、地球環境への大きな影響が考えられる。

温暖化による地球環境への影響

ＩＰＣＣの報告書[6]によれば、温暖化は環境や野生生物、さらに人の健康などへつぎのようなさまざまな影響を与えると予測されている。

① 温暖化により海面水位は二一〇〇年までの間に九～八十八センチメートル上昇する。四十センチメートル海面が上昇すると高潮により浸水を受ける人口は世界で七五〇〇万人から二億人に達する。水循環のバランスが崩れ、洪水の増加、水不足、水質の悪化など水資源への影響がある。

② 地球の年平均気温が数度上昇すると、農作物生産に悪影響が生じ食糧価格が上昇する。

③ 多くの野生生物の種や個体群が危機にさらされ、一部の種は絶滅する。

④ 気候の変化は気温の上昇による熱中症だけでなく、マラリヤやデング熱などの伝染病を媒介する生物の生息環境を変化させ、人の健康へ影響を与える。

温暖化防止への取組み

地球温暖化は一九八〇年代から深刻な地球環境問題として認識されるようになり、一九八八年には「気候変動に関する政府間パネル（IPCC）」が設立され、世界の科学者が本格的に温暖化問題に取組むようになった。一九九二年に地球サミットで気候変動枠組条約が採択され、一九九七年に京都会議で二酸化炭素など六種類の温室効果ガスの削減量に関する国際的な取組みである京都議定書が採択され、二〇〇五年二月に発効した。

京都議定書による削減目標は、先進国全体の温室効果ガスの人為的な排出量を最初の目標期間（二〇〇八〜二〇一二年）中に一九九〇年を基準として少なくとも五・二％削減するもので、日本での目標値は六％となっている。

わが国では二〇一〇年に向けて緊急に推進すべき対策をまとめた「地球温暖化対策の推進に関する法律」が成立し、一九九九年には「地球温暖化対策に関する基本方針」が閣議決定された。二〇〇二年には新たな「地球温暖化対策推進大綱」が決定された。

温暖化対策は生活様式の見直しなど身近なところでできる省エネルギー・省資源対策も効果的であると考えられ、一人ひとりの取組みが重要な意義をもっている。

3　オゾン層の破壊

オゾンの大部分は成層圏に存在し、太陽光に含まれる生体に有害な紫外線（UV-B、波長二八〇〜

三一五ナノメートル）を吸収し、地球上の生物を保護する重要な役割を担っている。オゾン層の破壊は成層圏オゾンがフロンなどの化学物質で分解されることにより生じ、この結果、地表に達する有害な紫外線が増加し、皮膚がんや白内障などの健康被害、植物やプランクトンの成育阻害などが懸念されている。

オゾン層破壊の実態と原因

オゾン層を破壊する物質として、フロン、ヒドロクロロフルオロカーボン、ハロン（消火剤として使用）、臭化メチル（土壌のくん蒸剤として使用）などが知られている。フロンは冷媒、洗浄剤、発泡剤、スプレー噴射剤などに広く使用されてきた。化学的に安定なため、大気中に放出されると対流圏ではほとんど分解されずに成層圏に達し、そこで強い紫外線により分解され、塩素原子を放出する。この塩素原子がオゾンを連鎖的に分解し、オゾン層の破壊が起こるという論文が一九七四年、ローランドとモリナによって発表された(7)。実際一九八〇年代の始めごろから南極上空にオゾン層が極端に

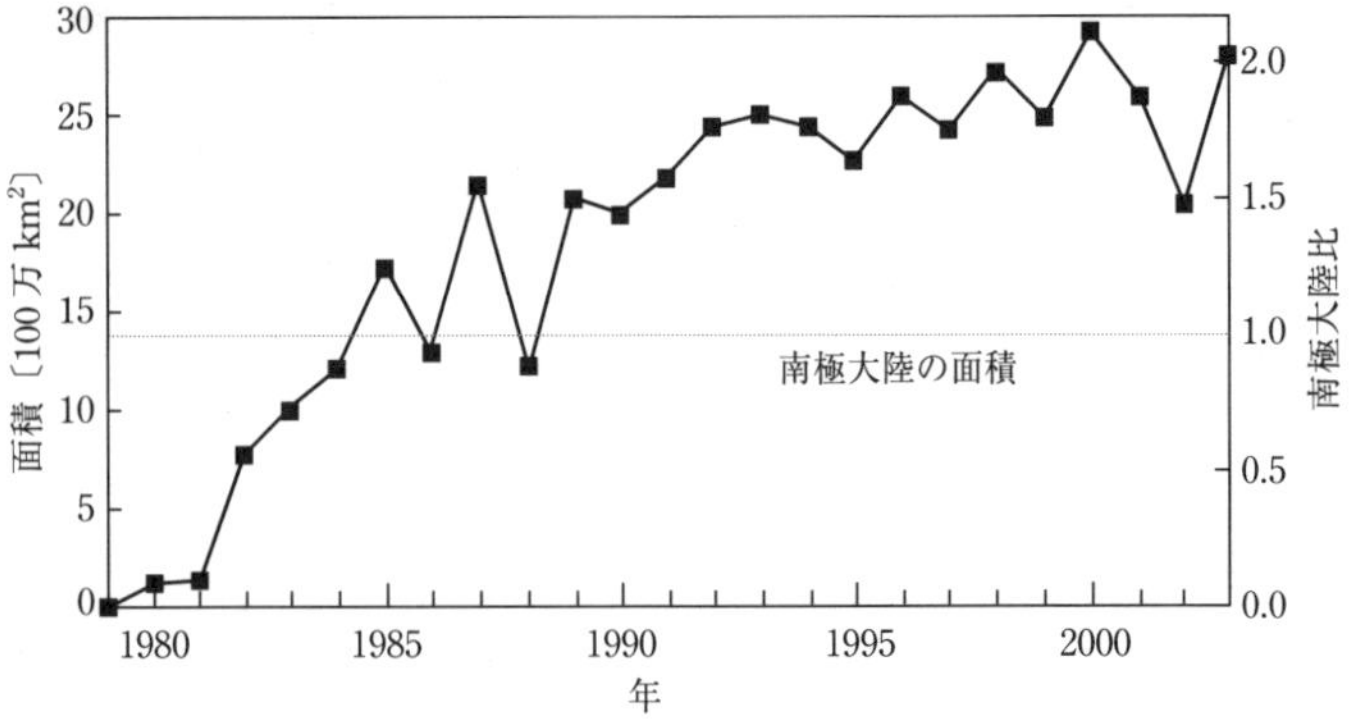

図３・５　南極上空のオゾンホールの規模の推移(8)

少なくなる「オゾンホール」が観測されるようになり、その規模は次第に拡大し、二〇〇〇年には南極大陸の二倍以上もの面積に達した（図3・5）。

オゾンホールは、南極域という特殊な場所で、成層圏温度がきわめて低い時期に生じる極域成層圏雲（氷などのエアロゾル）が、塩素によるオゾン破壊を促進（増幅）するために起こる現象で、年ごとの気象状況にも影響される。一方、全地球のオゾン層は、低緯度を除いた領域でオゾン全量の長期的な減少傾向が一九八〇年代以降続いている。

オゾン層破壊防止への取組み

フロンがオゾン層を破壊するという警告に対し、国連環境計画は専門家会合を設け、科学的な知見の整理や対策の立案を行ってきた。一九八五年に「オゾン層の保護のためのウィーン条約」が採択され、オゾン層やオゾン層を破壊する物質についての研究を進め、各国で対策を行うことを定めた。一九八七年には「オゾン層を破壊する物質に関するモントリオール議定書」が採択され、その後一九九九年まで五回の改正が行われ、規制が強化されている。現在、モントリオール議定書に基づき、五種類の特定フロン、三種類のハロン、四塩化炭素、臭化メチルなどが規制物質に指定され、一層強化された規制が実施されている。わが国でも一九八八年に「オゾン層保護法」を制定し、ウィーン条約およびモントリオール議定書を締結している。

わが国では特定フロンなど主要なオゾン層破壊物質の生産は一九九五年末までに全廃したが、過去に生産された冷蔵庫、カーエアコン中に存在するものが残されており、これらからのフロンの回収、再利用、分解が大きな課題となっている。現在、特定フロンの代わりに「代替フロン」や、さらに温暖化作用の少ない代替物質(ヒドロフルオロエーテル)が開発されている。

4 酸性雨

一九七〇年代以降、化石燃料の燃焼に伴って排出される二酸化硫黄、窒素酸化物の増加により、欧米において酸性雨が観測され、森林や湖沼などの生態系への影響が指摘されている。一方、東アジア地域においても各国の経済発展に伴い大気汚染物質の排出量が急激に増加し、越境大気汚染による影響が懸念されている。

越境大気汚染の実態

酸性雨は一般にpH五・六以下の雨水と定義され、主として石炭や石油などの化石燃料の燃焼に伴い発生する二酸化硫黄(SO_2)や窒素酸化物(NO_x)が原因物質となり、図3・6に示すようなメカニズムで生成する。雨水として降下するもの(湿性沈着)のほかに、雨に溶け込まないで乾いた粒子状で降下するもの(乾性沈着)もある。大気汚染物質は気流により発生源から五〇〇～一〇〇〇キロメートルも離れた地域まで輸送され、酸性降下物として観測されることがあり、地球規模の環境問題となっている。

欧米などでは、酸性降下物は緩衝力の小さい湖沼を酸性化させ、魚類を死滅させるなど陸水生態系に影響を与えている。また、森林への沈着は土壌を酸性化させ、樹木の成長を妨げるなど、陸域生態系へ影響を与えている（図3・6）。

現在、わが国では酸性雨による生態系への影響は顕在化していないが、現状程度の酸性雨が今後も降り続けば、将来、生態系への影響が生じることも予測されており、影響解明のための調査研究が重要な課題となっている。

越境大気汚染防止への取組み

欧米で問題となっている酸性雨に対処するため、一九七九年に「長距離越境大気汚染条約」が採択された。この条約に基づき、その後五つの議定書が採択され、越境大気汚染の監視、評価、硫黄酸化物・窒素酸化物および揮発性有機化合物の排出量の削減などが規定さ

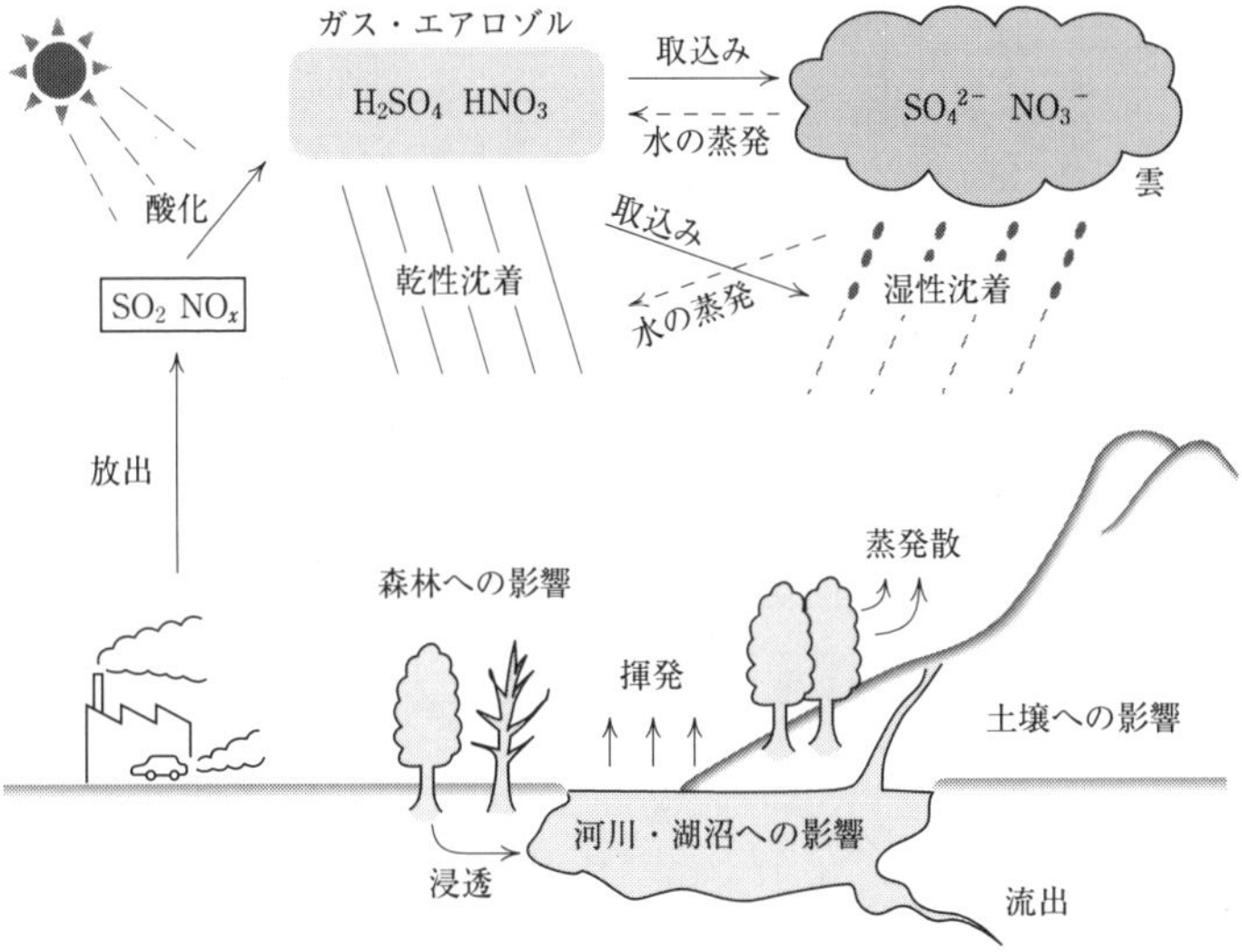

図3・6　酸性雨の生成と環境に及ぼす影響

れた。
東アジアの国々は世界人口の三分の一強を占め、近年の著しい経済発展に伴い、硫黄酸化物・窒素酸化物の排出量が増加し、深刻な大気汚染が生じている。今後、予想される酸性雨などによる生態系への被害に対処するために、わが国のリーダーシップで「東アジア酸性雨モニタリングネットワーク」が提唱され、二〇〇一年より本格稼働が始まった。二〇〇七年までに十三カ国が参加し、統一的な方法で湿性沈着、乾性沈着、土壌・植生、陸水のモニタリングが行われ、東アジアにおける実態解明が進んでいる。

わが国では市民による酸性雨監視ネットワークも広がっている。市民がみずから採取した雨水のpHを測定し、酸性雨の実態を知り、その原因を考え、大気汚染物質の発生源対策に結びつける活動である。このような活動は身近な雨の調査から地球環境問題を考えるきっかけとなるため、有意義な取組みだといえよう。

5　残留性有機汚染物質による海洋汚染

海洋は地球表面積のおよそ四分の三を占め、地球上に存在する水の九七%を占める。海洋は多様な生態系を構成する場で、大気との相互作用により、地球規模の気候を調節するなど大きな役割を果たしている。

しかし、一九五〇年代以降、工場排水、生活排水などによる海洋汚染が問題となり、人間活動の影響を受けた沿岸海域の堆積物中にはさまざまな汚染物質が蓄積されている。またタンカー事故で流出した油による海洋生物への被害や、船底塗料などで用いられているトリブチルスズ等の溶出による巻き貝の生殖異常などの報告もある。

残留性有機汚染物質（ＰＯＰｓ）による海洋の広域汚染も大きな問題となっている（７章参照）。ＰＯＰｓの多くは有機塩素化合物で、難分解性、生体への蓄積性、長距離移動性を有し、大気中に蒸発・拡散し、大気や海洋を通し広域に広がり、人や生態系へ悪影響を及ぼすことが懸念されている。二〇〇一年には「残留性有機汚染物質の製造・使用の廃絶、削減等に関する条約（ストックホルム条約）」が採択され、アルドリン、エンドリン、ヘキサクロロベンゼン、ＰＣＢ、ＤＤＴ、ダイオキシン、ジベンゾフランなど十二物質について、国際的な規制措置がとられるようになった。

わが国では、東京湾など閉鎖性海域の堆積物中にＰＯＰｓの存在が確認されている。一方、河川などから流入する栄養塩類や有機物により、夏季を中心として赤潮が発生し、底層にみられる溶存酸素濃度の低い貧酸素水塊は魚貝類に大きな影響を与えている。このような赤潮や貧酸素水塊を解消する根本的な対策は、陸域で発生する汚濁物質量を削減することであり、家庭で発生する汚濁物質量の削減も身近にできる対策として重要なことである。

6　森林減少・野生生物種の減少

世界の森林は、人間活動の増大とともに、木材の使用量や開拓地の面積拡大により絶えず減少してきた。特に熱帯に位置する開発途上国の森林は、過度の焼畑耕作、過放牧などにより急激に減少し、大きな問題となっている。熱帯林は、地球上の全生物種の半数以上が生息する多様性に富んだ生態系で、生物資源や遺伝資源として重要な意義をもっている。また、その現存量は地球上の植物の五〇％程度を占め、その減少が地球規模の気候変動に及ぼす影響も大きいと考えられる。一方、ヨーロッパでは、一九九〇年から二〇〇〇年までの十年間に、天然林が約百万ヘクタール増加したという国連食糧農業機関の報告もあり、地域によっては森林の回復もみられるものの、ひき続き監視する必要がある。

一九九二年の地球サミットで「森林原則声明」が採択された。声明には「森林問題は環境と開発のすべての問題に関連し、総合的に検討し、森林の多様な機能の保全、持続的な開発が重要であり、各国は適切なレベルでこの原則を追及すべきである」と述べられ、各国の適切な対応が求められている。わが国では二〇〇二年に「新・生物多様性国家戦略」が策定され、生物多様性の保全のための取組みが実施されている。

わが国は、国土のおよそ六七％を森林が占め、森林資源に恵まれている。しかし、わが国で利用される木材の多くは海外（針葉樹はおもに米国・カナダ、広葉樹は主としてマレーシア・インドネシアなど）から輸入されている。このように私たちの生活は世界の森林と深いかかわりをもつため、森林減少が地球規模の環境問題だと認識し、古紙のリサイクルなど木材資源の有効利用を図ることが重要である。

7　その他の地球環境問題

その他の地球環境問題として、土壌劣化・砂漠化や有害廃棄物の越境移動、開発途上国の環境問題などがあり、それぞれ重大な課題を抱えている。

砂漠化現象には土壌の乾燥化、土壌の浸食や土壌への塩類の集積なども含まれ、その影響は地球上の陸地の約四分の一、世界人口の約六分の一に及んでいるといわれている。その原因は干ばつのほかに、家畜の過放牧、過度の耕作、薪炭材の過剰な採取、不適切な灌漑《かんがい》などが考えられ、その防止のために自然条件や環境容量などを考慮した土地や資源の利用の重要性が指摘されている。一九九四年には砂漠化対処条約が採択され、わが国もその条約を一九九八年に締結し、砂漠化防止に取組んでいる。

一九七〇年代から八〇年代にかけて、先進諸国から輸出された有害廃棄物が開発途上国で不適切に処分されたり、不法投棄される事件がたびたび起こり、国際問題となった。それに対処するため一九八九年にバーゼル条約が採択され、一九九二年に発効した。わが国では一九九三年に「特定有害廃棄物等の輸出入等の規制に関する法律」を施行した。有害廃棄物による環境汚染の防止のためには、その発生の未然防止や発生量の削減が大切であり、資源の再使用・再生利用が容易な循環型社会の構築が重要であろう。

開発途上国では、森林・野生生物の減少、砂漠化の進行などの問題や大気汚染、水質汚濁などの公害問題が深刻になっているが、持続可能な開発の達成に向けて公害対策に取組むようになった。そのために先進国や国際機関等の支援が不可欠であり、ＯＤＡ（政府開発援助）による資金・技術援助や国連環境計画などによる取組みが実施されている。

参考文献

（1）『環境白書（平成13年版）』一一、一二三、一二一ページ、環境省編、ぎょうせい、二〇〇一年。
（2）レイチェル・カーソン著、青樹簗一訳『沈黙の春（新潮文庫カ-四-一）』新潮社、一九九二年。
（3）シーア・コルボーンほか著、長尾 力訳『奪われし未来』翔泳社、一九九七年。
（4）D・H・メドウズほか著、大来佐武郎監訳『成長の限界――ローマ・クラブ「人類の危機」レポート』ダイヤモンド社、一九七二年。
（5）『地球環境キーワード事典（四訂版）』地球環境研究会編、中央法規出版、二〇〇三年。
（6）『環境白書（平成14年版）』環境省編、ぎょうせい、二〇〇二年。
（7）M. J. Molina, F. S. Rowland, 'Stratospheric sink for chlorofluoromethanes : chlorine atom-catalyzed destruction of ozone.' *Nature*, **249**, 810～812 (1974).
（8）「オゾン層観測報告2003」三九ページ、気象庁、二〇〇四年。

そのほかの参考書

・不破敬一郎、森田昌敏編著『地球環境ハンドブック 第二版』朝倉書店、二〇〇二年。
・『酸性雨――地球環境の行方』環境庁地球環境部監修、中央法規出版、一九九七年。
・『身近な地球環境問題――酸性雨を考える』日本化学会・酸性雨問題研究会編、コロナ社、一九九七年。

4章
水と食と環境

この半世紀の間に私たち日本人の寿命は世界一になり、しばらくその地位を維持している（二〇〇四年の平均寿命、女性八十五・六歳、男性七十八・六歳）。医療の進歩、住居、食事、衣服の物理的な面や、合理的な欧米生活様式や家族関係のありようの浸透、また、職場環境の改善も延命に貢献し、総じて生涯の死亡リスクが減ったといえる。なかでも食生活の欧米化、栄養の充足による貢献は大きい。

しかし、飲料水を含めた現在の食生活を詳細にみてみると不安がないわけではない。カロリー過多は自己責任として、また食中毒や、食品加工の事故・事件のような突発的なものを除いても、食生活の質を脅かすリスク、言い換えると、死にはしないが健康や快適な生活を不安にする要因は質を変えて多くなったように感じられる（図4・1）。

私たちの食卓には、多くの人々の手を経た調理済みの食品や加工品が並ぶ。食料自給率の低い日本では、アジアを中心にした国々で生産・加工されたものも多い。エビの生産のために、アジアの湿地帯に不可逆的な負荷を与えてきている。一方では、輸入野菜の残留農薬など、食の安全に強い関心がもたれ、「環境」と「安全性」のどちらにおいても、生産、流通、消費、廃棄を、広域的に一つのシステムとしてとらえることが必要となってきた。

対照的に、伝統的な健康危害要因をかかえている途上国では、食糧と飲料水の不足や汚染が原因で死亡する子供の数は、現在でも年間二〇〇〇万人を超えるといわれている。

1　飲料水の安全と環境

飲料水の量

水資源の涸渇は世界的に二十一世紀最大の問題とまで考える研究者もいて、数年前に、黄河の水が上流での灌漑《かんがい》による過度の利用のため海に達しない、というニュースを複雑な思いで聞いた。また、淡水の多くを占めている北米五大湖も水位を下げはじめているらしい。それに加え、温暖化がもたらす影響として、降水のパターンや量、地域が変わり、渇水や洪水などの異変がすでに警告されている。二〇二五年（推定世界人口八十億人）には、

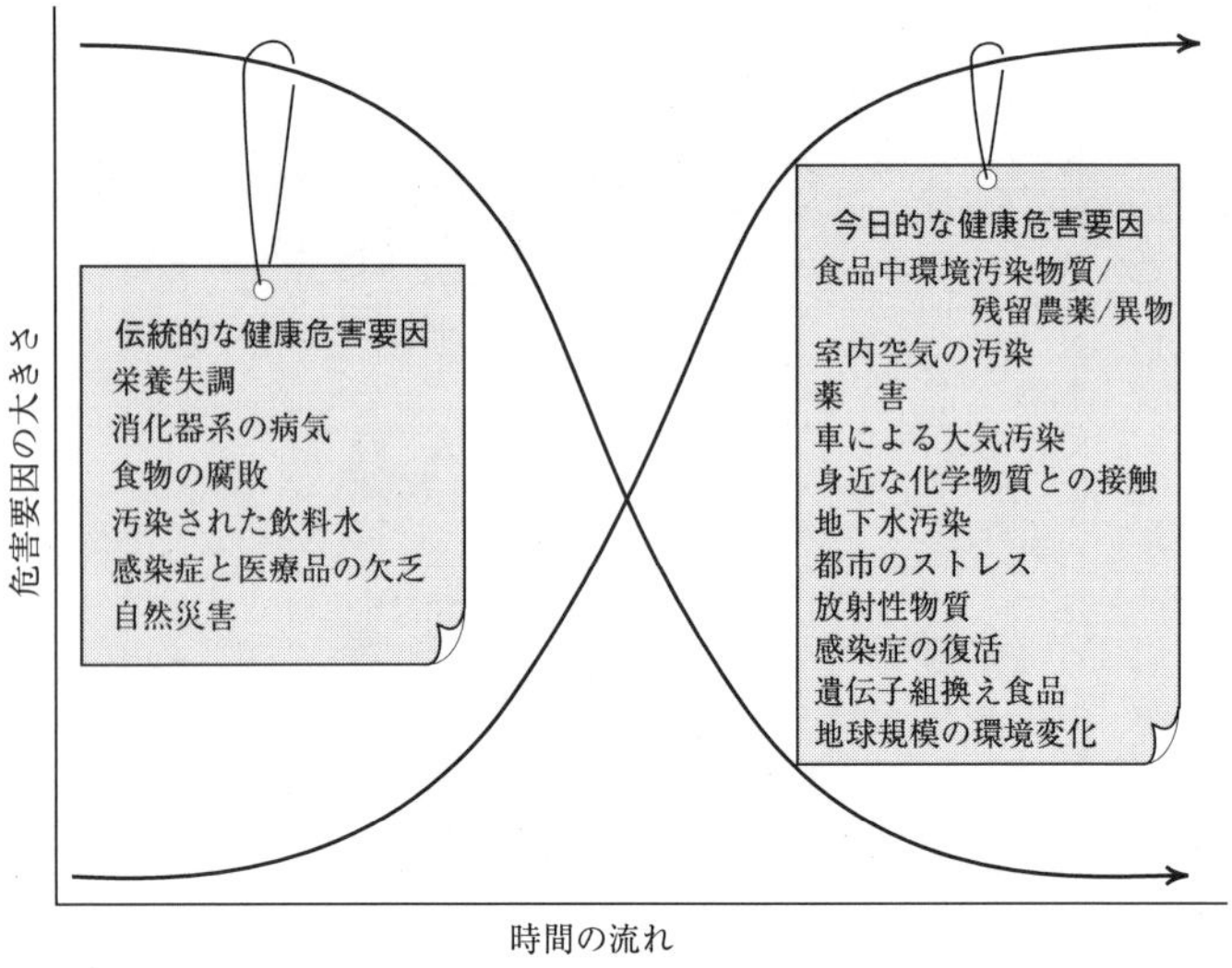

図4・1　生活の中の危害要因の変遷

二十七億人が水不足に苦しむと推測されている。農業用水の確保や発電のための水争いが原因で、戦争が起きるのではないかと危惧されている地域もある。

日本では、飲料水を河川やダム水に依存しているのはおよそ七割、井戸は二割で、飲料水の供給は雨まかせである。日本の降水量は世界平均（年間七八〇ミリ）の約二倍以上と恵まれ（一八〇〇ミリ）、蒸発散量は一・三倍である。流出量は非常に多く、世界平均の三・七倍にもなっている。日本の河川は大陸に比べ急峻で、長さは短く、降った雨はあまり利用されないうち海に到達してしまう。

家庭における水の利用は、東京都の場合（二〇〇〇年）、一人一日、およそ二五〇リットルである。その内訳は、風呂二六％、トイレ二四％、炊事二二％、洗濯二〇％、洗面その他八％と、十五年前より風呂とトイレが増え（シャワー、水洗トイレの普及）、炊事と洗濯が減る（外食依存や節水型洗濯機の普及）という傾向がみられる。この値は居住地域や一世帯当たりの人数によっても大きく変動するが、一九二〇年ごろの使用量は一人一日百三十リットルだったので、この八十年で二倍近くに増加していることになる。

飲料水の質

世界では現在人口六十億人のうち、十二億人が汚染された水を飲料水としている。日本では安全な上水道が普及しているが、さらにおいしい水を求めていろいろな工夫が始まっている。その理由の第一に水源の水質の悪化（汚染）とそれによる殺菌用塩素剤の使用量の増加が上げられる（図4・2）。塩素は殺菌に欠かせない物質であり、塩素剤の使用量は一九四一年にはたった四一〇トンだった。お

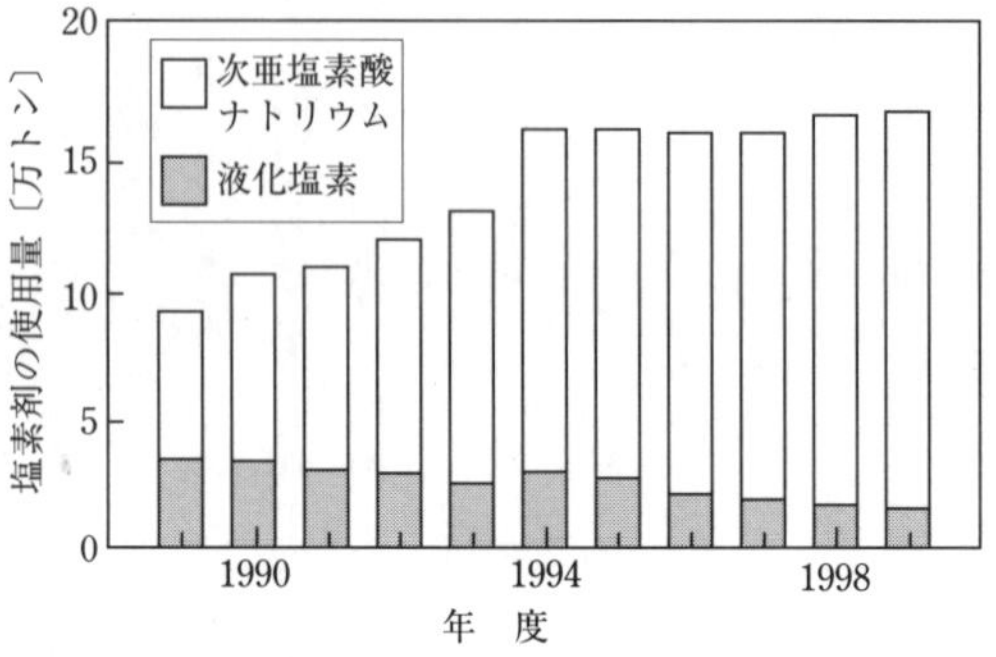

図4・2　浄水場における塩素剤の使用量の推移[1]

いしい水を求める前に、安全な水であることが必要なのであり、安全は水質基準によって確保されている。

日本では一九九二年に水道水基準が改訂された。変更あるいは追加された項目は、四塩化炭素、トリクロロエチレンなどの工業化学品、排ガスがおもな発生源であるベンゼン、塩素消毒のときにできてしまうトリハロメタン類、チウラム等の農薬などがあり、半分以上が新しくなった。一九九九年には、ダイオキシン類の基準（暫定）が加わり、二〇〇三年四月に鉛の基準値がひき下げられ、二〇〇三年六月を目標にWHO（世界保健機関）の基準改訂の動きにあわせて見直しが始まった。二〇〇二年八月の厚生科学審議会専門委員会の初会合では、消毒副生成物や、感染症をひき起こす耐塩素性微生物、ダイオキシン類などに焦点が当てられている。また、農薬には「総量規制」の考え方が導入される予定である*1。

浄水の技術やシステムは、時代に合わせて変化してきた。東京都を例にとると、最も早い一九一八年に建設された玉川浄水場は下流にあるため、多摩川の水質悪化に伴い一九七〇年に取水を停止している。二番目に古い砧下浄水場は、欧州で汚れの

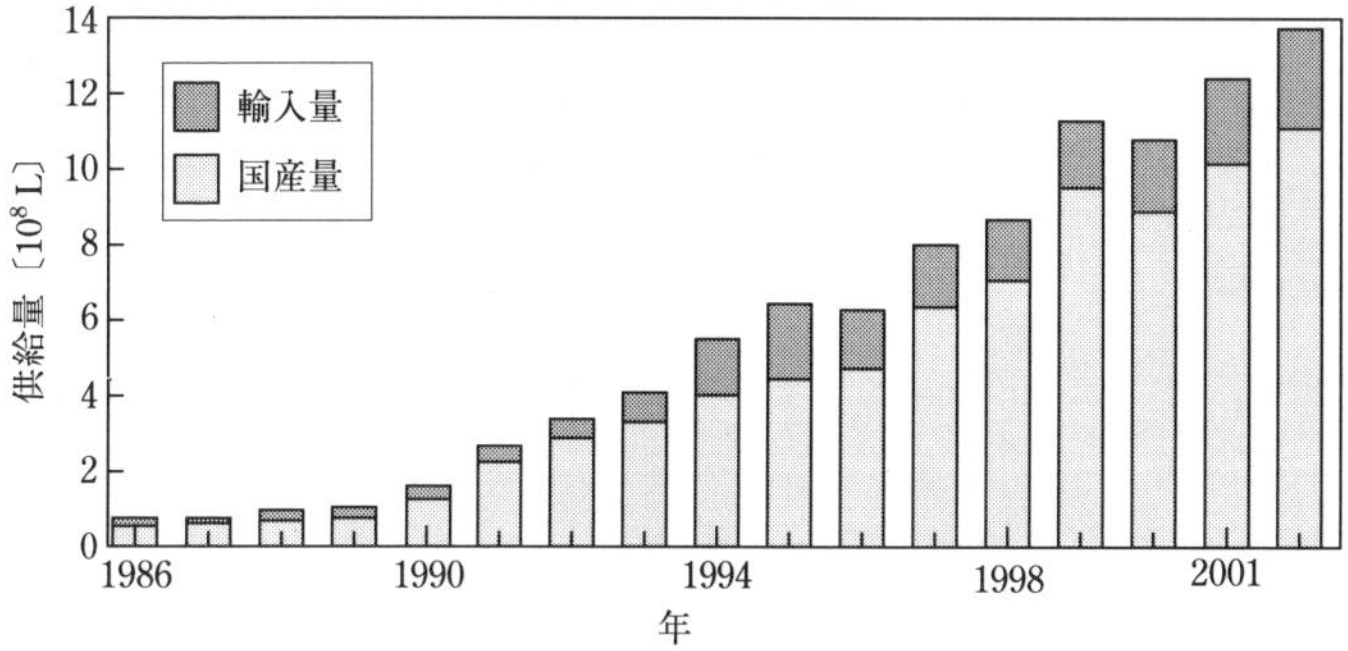

図4・3　ミネラルウォーターの市場推移［日本ミネラルウォーター協会，2003年］

進んだ原水に用いられている緩速沪過方式を採用している。東京都最大の金町浄水場は、米国のような比較的汚染の少ない原水に用いられた急速沪過方式で、現在のように進んだ汚染には十分対応できず、夏場のカビ臭対策に一九八四年から粉末活性炭を注入し、一九九二年からオゾン処理と生物活性炭吸着処理、一九九四年から粉末活性炭の自動注入により、さらに高度な処理を行っている。

水のまずさの回避を如実に表すものとして、いわゆるミネラルウォーターなどボトルウォーターの売上げ増加がある。消費量は一九九〇年代から急激に増えた（図4・3）（一九九九年が特に多いのは、二〇〇〇年問題のために買い込まれたため）。輸入はおよそ全体の一割強で、輸入相手国はフランスがおよそ七五％となっている。また、現在、全国の家庭における浄水器の普及率は約二五％といわれている。

排　水

環境に大きく影響する家庭からの排水対策が大きな課題になってきている。海を汚すのは、一九七〇年代ごろまでは、工業廃水などの産業排水が大部分を占めていたが、その後、大規模な工場からの排水は水質基準や総量規制により減少し、現在は海洋に流入する汚濁量の七〇%が家庭からの排水に起因している。有機物汚染の指標であるBOD（生物化学的酸素要求量）に換算すると、一人一日五七グラム排出している。そのうち、トイレ排水中のBODは思いのほか少なく、その他の生活から出る雑排水が七四%を占める（その半分以上が台所から）。このため、し尿のみを処理する単独浄化槽に代わり合併浄化槽が有効である。牛乳一リットル当たりのBODは七八〇〇〇ミリグラムで、二〇〇ミリリットルの牛乳を流すと魚がすめる濃度（一リットル当たり五ミリグラム）にするためには浴槽十杯分の水が必要となる。海水の汚染は、私たちが口にする近海の魚介類を汚染することになる。

排水のシステムも時代に合わせて変遷し、下水道が完備され、洪水に備えて一時貯留できる池や地下の川を設置し、汚水のみを処理する分流式に変わってきた。「流しは海の入り口」と考え、なべや皿の油汚れは野菜くずやごみになる紙類やぼろ布で拭いて、毎日の暮らしの汚染を下水に流さないような工夫が必要である。

2　食と環境

水と同様に食品に関しても、世界を見渡せば、「量」の問題は「質」に優先する。現在の人口六〇億人の一四%は栄養不足で、必須の摂取カロリーに達していないというのに、二〇五〇年には世界人口は九〇億人になると予測されている。自国で自国民を養えるかどうかは自給率が目安となり、日本の

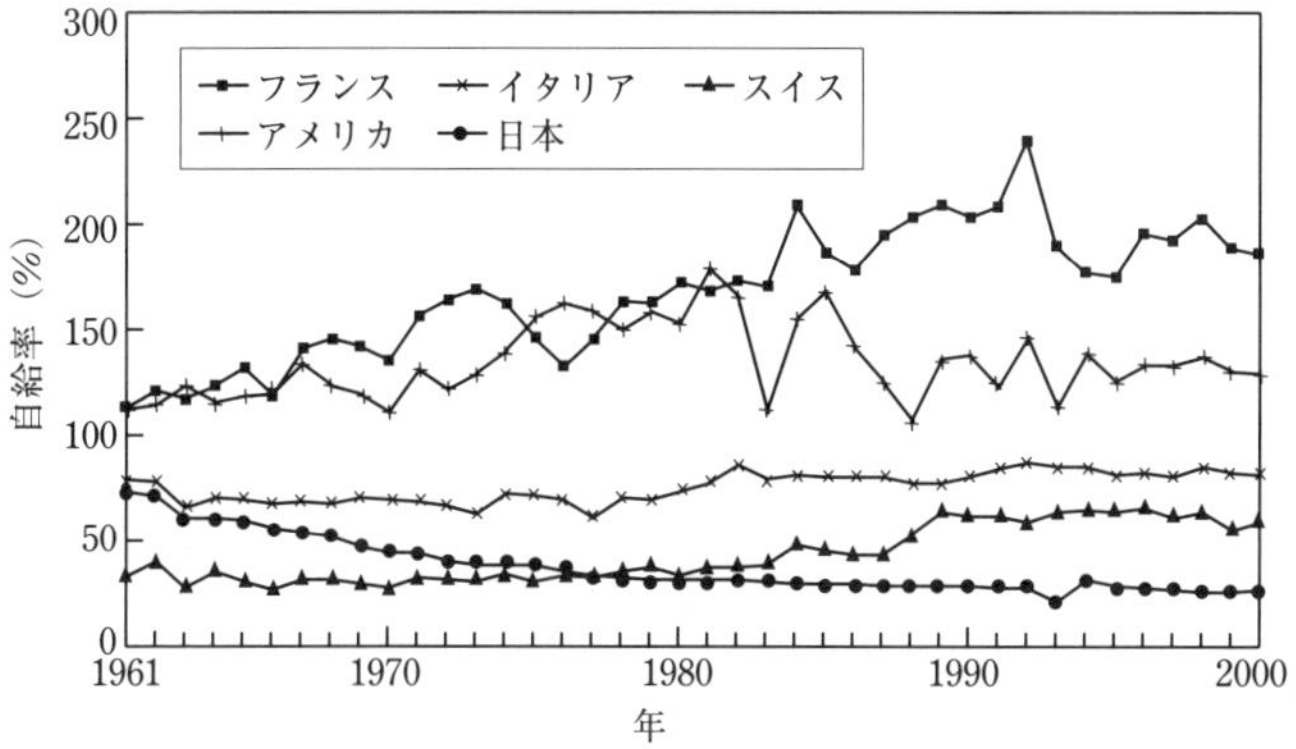

図4・4　各国の食料自給率(重量%)の推移［農林水産省試算，2002年］

重量ベースの自給率二八％（供給熱量で四〇％）という低さは、緊急時の食糧の十分な量の確保の問題だけではなく、日常の輸入食品の安全性に関してもきわめて重大である[*2]（図4・4、表4・1）。

食生活と環境のかかわりを考えるとき、食卓に上るエビ（九割が輸入）、マグロ（半分が輸入）、牛肉、トウモロコシ、パン、豆腐などの食品や、そのもとになる材料や飼料が、どこの国のどのような状態から日本に届けられるのかが問題となる。たとえば、日本人は世界一のエビの消費国民であり、年間一人三キログラム弱（二〇〇一年）を食べる計算になる。タイやインドネシアでは、稚エビを捕獲し、マングローブ（亜熱帯地域の河口や入江に生息するヒルギ科の植物の総称）林を伐採した養殖池で育てる。エビの価格が下がったり過剰生産により養殖池が疲弊すると池は放置され、「持続可能な生産現場」を維持できなくなり、ただの荒れた沼地に変わってしまう。そのときは鳥類の生息地や魚類の繁殖地として、また浄化作用の優れた豊かなマングローブ林はもうない。一九九〇年までにフィリピンのマ

表4・1　日本の品目別食料自給率(重量%)の推移†

年度	米	小麦	大麦・裸麦	大豆	野菜	果実	肉類	魚介類	油脂類
1960	102	39	107	28	100	100	93	108	42
1970	106	9	34	4	99	84	89	102	22
1980	100	10	15	4	97	81	80	97	29
1990	100	15	13	5	91	63	70	79	28
2000	95	11	8	5	82	44	52	53	14

†　農林水産省「食糧需給表 平成14年度」による

ングローブ林は三分の一に、タイでは二分の一に激減した。食卓に上る魚の三分の一は養殖魚であり、その九割が中国産といわれているが、中国の沿岸環境は大丈夫だろうか。

輸入農作物では、トウモロコシは飼料も含め米国依存が高く（九六%）、大豆（七九%）や小麦（五一%）も米国が最大の輸入相手国である。

食糧生産のために使用される農薬は、必要不可欠ではあるが、生態系に最も大きな影響を与える。第二次世界大戦後、世界全体で使用量が十年ごとに二倍に増え、一九八五年までは欧州、米国、日本でそのうち八〇%を使用していた。その後、アフリカでは先進国からの輸入で、五年で三倍の勢いで増加している。肥料も土壌や水環境への影響の大きなものの一つであり、一ヘクタール当たりの使用量は、日本（一九五キログラム）と中国（二七一キログラム）が最も多く、ついで欧州である。ここでは硝酸塩の土壌残留と地下水汚染の問題が深刻となる。過剰な窒素成分や有機汚染物質は家畜からももたらされるが、化学肥料を避け、落葉や野菜くずをたい肥に使うことも徐々に復活しつつある。

3　食品の安全性

この数年、食品に対する不安は数々の不祥事件によってもたらされた。東京都の調査[2]によると、食品の安全性で不安に感じているものは、食品添加物（六三・五％）、遺伝子組換え食品（五二・五％）、内分泌撹乱化学物質（四七・三％）、残留農薬（四四・三％）、有害微生物による中毒（二八・七％）、輸入食品（二三・八％）、動物性医薬品（一九・八％）だという。食品に関する不安の中で、一般にケミカルハザード（化学物質が危害要因）に関心が高いのは、相対的にバイオハザード（生物・微生物が危害要因）のリスクが低いと考えられているためでもある。これは、昔の危害要因は感染症が主であったが、現在の日本の進んだ科学技術社会では十分管理されていて起こるはずがない、と多くの人が考えているからであろう（図4・1参照）。

しかし現実には、食中毒の原因を調べると、細菌によるものが患者数の六一％（このうち、三分の一がサルモネラ菌、五分の一が腸炎ビブリオ菌、以下、大腸菌、カンピロバクターと続く）、ウイルスによるものが二九％で、化学物質によるものは一％未満でしかない。患者二万六千人のうち死亡したのは四人（自然毒のフグ三、きのこ一）と報告されている（厚生労働省、二〇〇一年）。患者数はこの十年ほぼ横ばいである（O‐157発生年は例外）。ここでは不安の割合の高いケミカルハザードを中心に述べる。

食品添加物や食品中に残留・混入する農薬

日本で使用される食品添加物は、安全性と有効性を確認して大臣が指定した指定添加物（三六六、天然物を含む）、天然添加物として使用実績が認められている既存添加物（四五一）および天然香料（約六〇〇）や一般飲食物添加物に分類される。天然添加物の品質や安全性は一九九五年に科学的な試験による法的な規制が始まり、分析や研究が進んできた。

食品添加物の許容一日摂取量（ＡＤＩ）と、実際の平均的な摂取量とはどのような関係にあるのだろうか。厚生労働省によると、たとえばイマザリル、ジフェニル、オルトフェニルフェノール、チアベンダゾールは、大多数の食品添加物と同様に、許容一日摂取量の一％にも満たない。（これらは輸入農産物に使われているポストハーベスト（収穫後）農薬であるが、日本では食品添加物として許可された。）ただし、硝酸塩などの摂取量が特に子供に多いのは気がかりである（二〇〇〇年）。二〇〇二年に日本では無許可だった香料などの添加物の使用が見つかり、大掛かりな回収が行われたが、ＷＨＯとＦＡＯ（国連食糧農業機関）による国際食品規格の基準を満たしているものであれば有害性は低い。添加物が日本の基準値を超えた輸入食品は、色素・香料では欧米が、保存料などでは東南アジアが多い傾向にあり、全体の四割が中国からの加工品であった（二〇〇一年七月から

許容１日摂取量

許容１日摂取量（ADI, Acceptable Daily Intake）とは，ある物質を一生食べつづけても安全と考えられる体重1 kg当たり，１日当たりの摂取量のことで，耐容１日摂取量（79ページコラム）と定義は同じである．ADIは使用を許可された食品添加物の使用基準値や農薬の残留基準値の算出に使われる．

一年間)。

登録され使用できる農薬のうち二五〇種類について残留基準が決められていた*[3]（二〇〇五年一一月現在)。農薬も食品添加物同様に、許容一日摂取量が決められている。現実に検出される残留農薬は許容一日摂取量の〇・一〜五・四％の間である（一九九一〜一九九九年)。子供に対するリスクは安全性をさらに十倍厳しくすることが米国では検討されているが、日本では基準設定の段階で考慮されているようだ。

また、毒性が強く残留性も高いため禁止されている農薬、ダイホルタンやプリクトランが二〇〇二年に違法に販売され使用されたが、同年十月、国に先駆けていくつかの地方自治体では、無登録農薬の使用禁止に関する条例を制定した。国としても農薬取締法を見直し、無登録農薬の使用を監視し、罰則を設けることになった。そして一方で消費者も、虫食いを嫌がったり、メロンの網目を気にしないで、「安全であることが第一」と考えていることを、農作物生産者にわかってもらわなくてはならないだろう。生産者と消費者の互いに顔が見えるようなコミュニケーションができれば、無登録の農薬を使用することもなくなるであろう。

国内の農薬問題に加え、同年に輸入冷凍食品など加工品への農薬残留が発覚し、輸入業者名が公表された。これは中国から輸入された冷凍ホウレンソウに国内での残留基準値（〇・〇一ｐｐｍ）を超える高濃度（最高二・五ｐｐｍ）のクロルピリホスが検出され、その他の野菜でも認められたためである。輸入に頼らざるをえない現在の自給率では、安全の選択の余地が少ない。最近では中国の都市部でも安全・健康指向が強くなり、無農薬野菜の供給も盛んなようで、消費者のニーズが変わり、それが輸出品に反映されはじめている。

環境汚染物質類

人は環境を汚染するが、人が汚染した環境からも、また影響を受ける。食品経由で今最も心配されているのは、ＰＣＢを含むダイオキシン類と有機水銀である。ダイオキシン類は全摂取量の九五％以上を食品から摂取している。日本における食品中のダイオキシン濃度を図４・５に食品別に示した。ダイオキシンの中でＰＣＤＤやＰＣＤＦは燃焼反応で生成するものの割合が高く、コプラナーＰＣＢはＰＣＢ由来で水環境を経由するものの割合が高い。

この図４・５から、なんといっても魚類中の濃度が高いことがわかる[*4]。一方、ホウレンソウなどの葉物野菜中の濃度は他の野菜より高いが、タイよりもずっと低く、一度に食べる量が少ないのでリスクは低い。魚類のダイオキシン類はＰＣＢ由来が大部分なので、今後もなかなか減らないだろう。米国では釣った魚の食べ方が

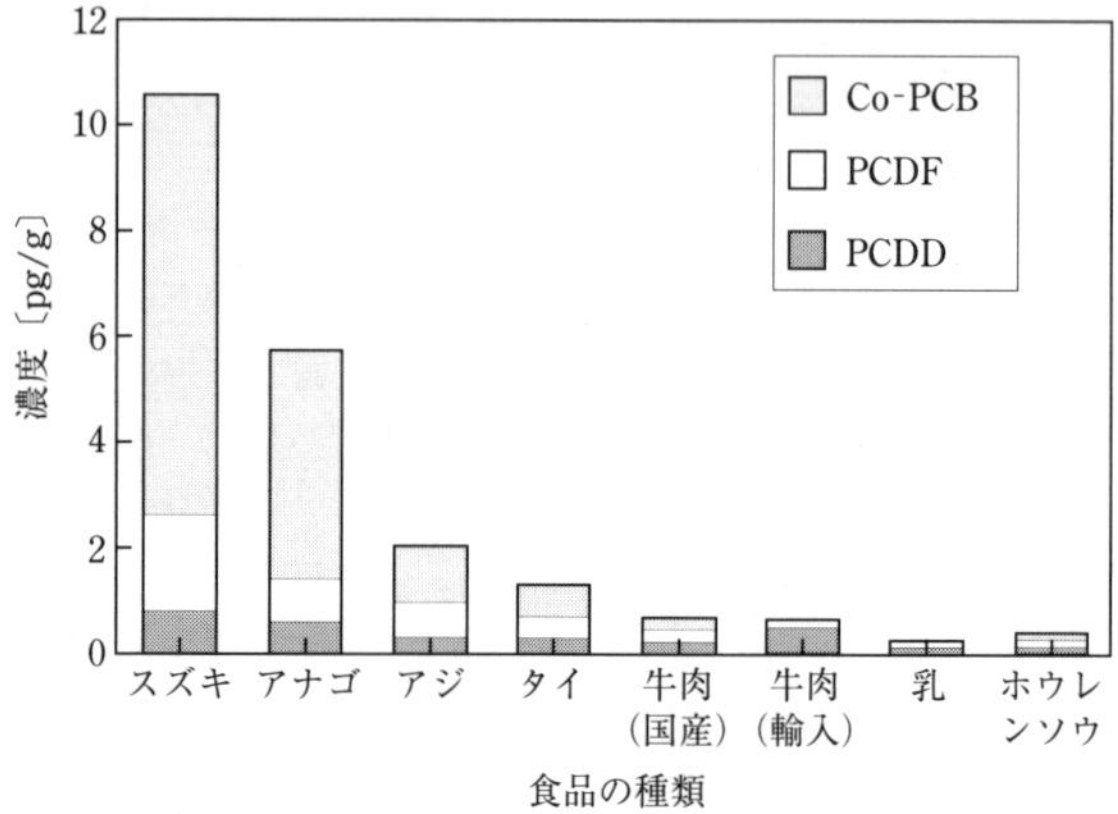

図４・５　食品中（新鮮な素材中）のダイオキシン濃度[3]（1997〜1998年）

図4･6　米国での釣り魚の食べ方の指導[4]（妊婦，授乳中の人，乳幼児，妊娠予定者に対して）

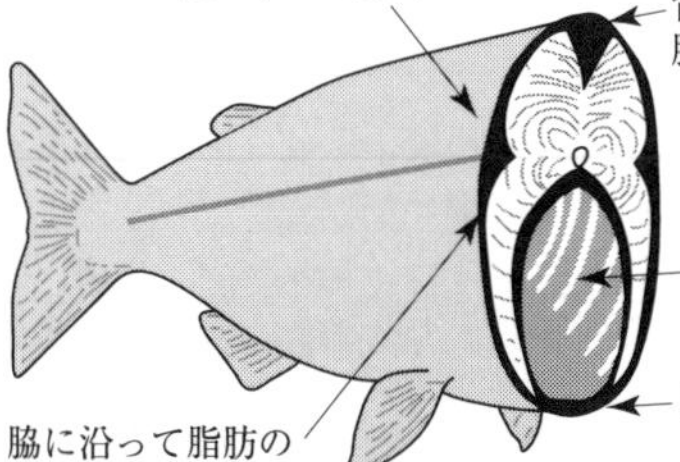

ダイオキシン類について

ダイオキシン類にはポリクロロジベンゾ-*p*-ジオキシン(PCDD)，ポリクロロジベンゾフラン（PCDF)，PCBの構造が平面になるコプラナーPCB（Co-PCB）が含まれ，塩素の付く数と付く位置によって多くの種類が存在する．前の二つは，燃焼や農薬由来の非意図的な副生成物であり（7章参照)，最後のPCBは1972年に製造禁止されるまで，熱媒体など多方面に大量に使用された工業化学品である．それぞれ毒性が異なるため，通常表す濃度は毒性換算が行われている数値である．ヒトで最も頻繁にみられる毒性である塩素挫創とそれに関連する皮膚病変は，アカゲザルやウサギにもみられるが，大部分のげっ歯類にはみられない．生殖への影響ではアカゲザルに子宮内膜症の増加がみられ，個体の発生における毒性ではマウスの仔に口蓋裂，ラットの胎仔の死亡が報告されている．人間への影響は，事故で被ばくし影響を受けた結果などの疫学調査があるが，科学的に断定するにはデータが必ずしも十分そろっていないといわれている．

ダイオキシン類の耐容1日摂取量（TDI, Tolerable Daily Intake: 一生取りつづけても安全とされる体重1kg当たり，1日当たりの摂取量）は日本が4pg（1pgは1兆分の1g)，WHOが4pg（目標値1pg未満)，EUが1週間当たり14pgで，EUでは食品，飼料中のダイオキシン類の基準を決めている．

表4・2　アレルギー食品の表示†1

表　示	食　品　名
法令で義務化	小麦，そば，卵，乳，落花生
表示を奨励	あわび，いか，いくら，えび，オレンジ，かに，キウイフルーツ，牛肉，くるみ，さけ，さば，大豆，鶏肉，豚肉，まつたけ，もも，やまいも，りんご，ゼラチン，バナナ†2

†1　「平成13年厚生労働省令第23号」による
†2　「平成16年表示制度見直し」により追加された

連邦ＥＰＡと各州のホームページにみられる（図4・6）。汚染物質が蓄積しやすい脂肪を取除くよう指導している。

動物用医薬品＊5

貿易のグローバル化、貿易摩擦緩和の波に押され、一九九五年から、国内でも残留動物医薬（抗生物質や合成殺菌剤）規制が二一品目について規定されている。輸入品については、国際食品規格委員会の規格にほぼ従い五〇品目以上に適用され、新たな動物用医薬品（駆虫剤、成長促進剤、精神安定剤）を含む食品が輸入されることになるだろう。残留した抗生物質が動物の肉を経由して人の体内に入ると、耐性菌が生じると考えられている。

これらの動物用医薬品は、人の医薬品同様排泄されるが、下水処理場を通らずに直接土壌や河川に放出され、特に、陸上と水中の微生物に影響を及ぼす場合があり、環境放出には規制が必要であろう。

食品中のアレルギー物質

これは消費者にとっては正確な表示があれば、リスクをかなり回避することが可能になる。国際食品規格委員会ではアレルギー物質のうち八種類の表示を決め、国内でも、五品目を特定原材料として義務化し、それらに準ずるものとして二〇品目の表示を奨励している（表4・2）。原因物質の割合の高い順に、卵（二八%）、牛乳（二三%）、小麦、魚類、そばと続く。

4　これからの方向性

一九八〇年代に欧州では、BSE（ウシ海綿状脳症）による被害が拡大した。一九八六年に英国でウシにこの病気が発見された際、ヒトへの感染に対して科学的な証明や証拠がない段階で、政治家が「問題なし」と判断してしまったためであり、政府の大きな過失となった。BSEが人に感染することを英国政府が認めたのは一九九六年である。二〇〇二年の段階で、十八万頭を処分し、およそ百人がヒト変異型クロイツフェルト・ヤコブ病（vCJD）を発病した。原因物質の肉骨粉の使用は、環境問題に配慮した廃棄物対策として考案された一面もある。また、英国ではMRM（機械的回収肉）とよばれるミンチ肉があり、これはくず肉と脊髄を一緒にミンチにしてしまうものである。英国では、このミンチによるvCJDの発症が地域（スコットランド）、年齢（若年層）に関連しているのではないか、と疑われている。

人は科学の明解な答えを期待するが、適切なデータが不足している場合があり、そのようなときに、暫定的に「予防原則」（警戒原則ともいう）を適用することが、このBSE問題の教訓と欧州ではとらえている。

世界の食糧不足を救う切り札は遺伝子組換え技術であると考えられている。このような新しい技術が新しい危害要因をもたらさないように、開発者がその安全性を証明する義務を負う必要がある。これを「立証責任の移行」(これまでは被害者に証明義務があった)といい、予防原則のルールの中で消費者保護のための柱の一つになっている。

商品の表示は、消費者が商品を選択するうえでの重要な情報である。偽装表示などがあれば消費者は不信を抱き、表示に頼ることができなくなる。最近は不祥事件が続いたため、食肉はＤＮＡの検査で管理し、偽ブランドを排除するメーカーも出てきた。

生鮮食料品の、「名称」と「原産地」が義務付けられ、原産地として農産物は都道府県名を、畜産物は国産、水産物は水域(地域)名が表示される。加工品や輸入品についても細かく義務付けられている。また、賞味期限表示は省庁間で統一された。

ＢＳＥの牛の発生の経験から、国および企業が原材料、製造過程、出荷後の配送や保管状況などを追跡できる、「ト

予防原則について

環境や人の健康を保護するうえでの基本的理念として，EU では食品法に沿って「予防原則適用のガイドライン」が作成された(2000 年 2 月)．リスクアセスメントに必要なデータが不十分なときなどに，暫定的に規制が行われている．予防原則は 1992 年の国連環境開発会議で合意を得た「リオ宣言原則第 15」に言及されており，「環境を保護するため，予防的方策は，各国の能力に応じて広く適用されなければならない．深刻な，あるいは不可逆的な被害のおそれのある場合には，完全な科学的確実性の欠如が，環境悪化を防止するための費用対効果の大きな対策を延期する理由として使われてはならない.」と記されている．

レーサビリティーシステム」という制度がすでに導入されたので、食品分野のすべての履歴情報を消費者に開示するスーパーマーケットも出てきた。ただこのシステムも輸入食品には限界があり、安全性を確保するためにも、長期的視野に立った食料自給率の引き上げが必要であろう。

こうした食の安全性問題を解決するため、二〇〇三年五月には食品安全基本法が成立し、食品安全委員会が七月に設立された。

排水同様、食生活と環境の関係が最も密接で心を配らなければいけないのは排泄・廃棄の過程である。摂取された食品はエネルギー量にして約五%が排泄される。下水道経由で下水処理場に、あるいは浄化槽で処理され、さらに河川に放流される。廃棄物はごみ焼却場や埋立地へと移動し、環境に出る。家庭で食品を食べずに捨てる割合は、七・七%と高い。また、都市型の食品廃棄物として、飲食店や流通業、食品産業からの生ごみ、残飯、売れ残りが多くあり、これらは積極的にリサイクルすることが法律で決められている。家庭では購入品や調理の無駄を減らすことが第一である。コンポストや生ごみ処理機の開発・販売も盛んであるが、市民の継続性が定着の大きな鍵を握る。

さらに、食生活の廃棄物で最も困難な問題は、むしろ食品本体ではなく、一回だけ使用して廃棄される食品の容器や包装である。これには、缶、びん、ペットボトル、食品用トレー、プラスチック、牛乳パックなどがあり、自治体によって廃棄・リサイクルのルールが決められ、循環型社会をめざして、廃棄するものをできるだけ少なくし、リサイクルできるようにシステムが整いつつある（7章参照）。

食生活を支えている業界は、収益率で考えると農業、水産業、牧畜業などの生産の場が二割、食品加工、流通、外食産業などが八割といわれる。従事する人の割合もそれに近いだろう。それに加え、すべての後始末を一手にひき受ける産業廃棄物処理および自治体の一般廃棄物（生活ごみを含む）処理と下水処理、埋立てにかかわる人々も「食」のシステムの一部である。消費者は食品の代金を支払うだけでなく、このシステムの中で食生活を営んでいることを忘れてはいけない。同時に、この産業に携わる人たちには、自分の家族の安全の延長線上に一億人の消費者の安全があることを常に意識してもらいたい。食生活関連の産業活動と消費が「環境に負荷が少なく」できるように心がけ、かつ、個々の産業やその家族・個人が持続可能な生産を継続していくことが重要なのである。エビを食べるときにも、失われたフィリピンやタイ、インドネシアのマングローブ林の生態系に思いをはせよう。

「食」は民族、地域、歴史や文化と密接に関連しており、科学の分野からだけでは知り尽くせない応用問題である。「スローフード」運動が、画一化された大量生産に異議を唱えるものとしてイタリアから始まり、世界に広がりつつあるのも、最近の傾向である。また、環境に悪いものは買わないという「グリーンコンシューマー」運動も盛んになってきている。

「環境に負荷の少ない食生活」は「食生活の安全」を約束する。それらは、食を通じてできあがったシステムの中で生きる人と人の信頼のうえに成り立ち、その信頼を保証する二重三重のガードシステムがあって得られるものと思う。

参考文献

（1）『水道のあらまし2001』日本水道協会、二〇〇一年。
（2）「東京都消費生活モニター——アンケート調査結果」東京都生活文化局、二〇〇一年。
（3）豊田正武ら「日本における食事経由のPCDDs、PCDFsおよびCoplanar PCBの摂取量」食品衛生学会誌、四〇巻一号、九八-一一〇、一九九九年。
（4）魚の食べ方　カリフォルニアEPAの指導　http://www.oehha.org/fish/general/99fish.html
　あるいは連邦EPAの指導　http://www.epa.gov/OST/fish/fisheng.pdf

そのほかの参考書
・「地球環境特集、世界の水不足」ナショナルジオグラフィック日本版、八巻九号、日経ナショナルジオグラフィック社、二〇〇二年。
・『東京近代水道百年史』東京都水道局、杉原書店、一九九九年。
・小倉紀雄、一國雅巳著『環境化学』裳華房、二〇〇一年。
・池田正行著『食のリスクを問いなおす——BSEパニックの真実（ちくま新書三六〇）』筑摩書房、二〇〇二年。
・戸田博愛著『食文化の形成と農業』農文協、二〇〇一年。

＊1　二〇〇三年五月三十日に改正された新しい水質基準では、水質基準項目に十三項目が追加、チウラム、シマジン、チオベンカルブなどの農薬を含む九項目は除外され、計五十項目になった。また、遊離残留塩素および結合残留塩素の検査方法も公定法となった。水道原水水質に関しては、検査項目、検査方法が改正され、農薬は「総農薬方式」により農薬類として水質管理目標設定項目に位置づけられた。

＊2　日本の自給率はその後さらに低下している。また、近年、環境保護、特に温暖化防止対策としてバイオ

エタノールが世界的に普及してきた。しかし、現在はトウモロコシ、サトウキビ等の食料を主原料としているため、食糧需給に異変をもたらし始めている。

＊3　二〇〇六年五月からポジティブリスト制度が施行された。それ以前は残留基準が定められていたのは二八三の農薬等（農薬、動物用医薬品、飼料添加物）で、基準値のないものは販売禁止などの規制はできなかった。しかし、輸入食品が増大する中で混入のおそれのある農薬の種類は数百種類になり、食の安全性が脅かされはじめてきた。そのため、すべての農薬等について、一定量を超えて残留する食品の流通を禁止するポジティブリスト制度が導入された。この制度によって、食品の成分に関する規格（残留基準）が定められている七九九の農薬等は基準値で規制され、国内で登録されていないなど規格（残留基準）が定められていないものは一律基準の〇・〇一ｐｐｍで規制されることになった。

＊4　日本人のダイオキシン類の一日摂取量は体重一キログラム当たりに換算して、平均一・〇四（〇・三八〜一・九四）ピコグラム（二〇〇六年）なので、近年、ＷＨＯの目標値（七九ページ参照）に近づいてきている。

＊5　二〇〇六年五月から動物用医薬品にもポジティブリスト制度が導入された。

5章

住まいと環境

私たちの身のまわりには数万種類どころではない化学物質があるという。いまや化学物質は産業や生活になくてはならない存在となっている。

住まいの中でも、私たちは数多くの化学物質を利用している。住まいを形づくっている建材や、住まいを居住空間として機能させるための設備類、そして住まいのメンテナンス（維持・管理）や生活の利便性向上のために使用するさまざまな生活用品。これらのほとんどすべてに化学物質が利用されている。これらの化学物質は製品の品質向上等のために用いられているが、その使用量や使用方法によっては、利用者に悪影響を与える可能性もある。化学物質とうまくつきあうために、住まいで利用されている化学物質に関する知識をもつことは重要である。

1　住まいの中の化学物質

住宅建材と化学物質

住まいは、生活様式や社会的ニーズによって時代とともにその姿を変えてきた。近年の日本の住宅に使用されている建材は、高品質・低価格で安定供給できる工業製品が主流を占め、工業製品の多くは化学物質を利用してこれらの特長を保持している。

現代の日本の住宅では、家族団らんの場所となるリビングルームをはじめ、個室などほとんどの部屋が洋室となって、和室の数は大幅に減少している。

洋室の床材として主流となっているのがフローリングとよばれる木質建材である。フローリングは見た目が美しく、堅牢で、メンテナンスも容易という特長がある。フローリング材の多くは、数枚の薄板を繊維方向が交互に直交するように張り合わせた合板に木目の美しい銘木の薄板を貼り、塗装した複合材である。合板は無垢材《むくざい》の反りやすいという弱点を克服した建材として多用されている。合板は家具やシステムキッチン、洗面化粧台などにも多用する。家具や水回り収納には表面に合成樹脂加工したものも多い。

同じく木質建材で多用されているのが、パーティクルボードやＭＤＦ（Medium Density Fiberboard中質繊維板）など、木材の砕片や繊維化した木材を接着剤を用いて圧縮成型してつくるボード類である。

これらの木質建材は、強度が高く、品質が安定し、安定供給できるだけでなく、木材を無駄なく利用したり、再生利用したりした省資源型建材でもある。このような建材が住宅や家具など強度や耐久性が必要とされる用途に使えるのは、接着剤の性能に負うところが大きいといえる。木質建材の製造には、フェノール樹脂系接着剤、ユリア樹脂系接着剤、メラミン樹脂系接着剤などが使われる。

部屋の床以外の五面を構成する壁と天井は、クロス貼りが主流である。クロスはエンボス加工（型押し）や発泡（発泡剤を入れて加熱処理し膨らませる加工）により表面に凸凹をつけたり、印刷によりさまざまな色柄を表現することができ、インテリアデザインの重要な要素の一つとなっている。クロスは、ポリオレフィン（C_nH_{2n}）やポリ塩化ビニル〔$-(CH_2CHCl)-_n$〕、紙などの素材を用いて製造されることが多い。ポリオレフィンやポリ塩化ビニルといった石油由来の素材を利用することにより、安価でデザイン性、耐久性に優れ、施工しやすいクロスが製造できる。

また、日本では、シロアリによる害が住宅そのものの耐久性に大きな影響を及ぼすおそれがある。大切な財産である住宅の耐久性を高めるため、シロアリによる食害防止対策が必須であり、木製の土台や床下土壌などにはシロアリ駆除剤の塗布・散布が行われることが多い。

生活用品と化学物質

日本には高温多湿の夏季があり、洗面台や浴室のタイル目地などを中心にアレルギーやぜん息の原因ともなるカビが生えやすい環境である。タイル目地などのカビはきれいに除去しにくく、カビ取り剤が使われている。カビ取り剤によく使う塩素系漂白剤の主成分は次亜塩素酸ナトリウム（NaClO）という物質である。

次亜塩素酸ナトリウムは、通常水溶液として用いられるが、強力な酸化作用をもち、殺菌剤や漂白剤に使われている。大腸菌やブドウ球菌、サルモネラ菌など食中毒の原因となる菌にも殺菌効果がある。低濃度で水道水やプールの水の消毒、食器類の漂白・滅菌、野菜や果実の消毒にも使用される。

このように生活環境を清潔に保つために、非常に有用な次亜塩素酸ナトリウムであるが、トイレ用など塩酸系の洗浄剤や食酢と混ざれば塩素（Cl_2）を発生するため、使用に際しては十分に留意が必要である（図5・1）。塩素を吸入すると頭痛、吐き気、めまいなどの症状を起こすだけでなく、濃度が高い場合は死に至ることもある。

塩素系漂白剤やカビ取り剤の容器に「まぜるな危険」と大書してあるように、酸性洗浄剤と混ざらないようにすることはもちろん、使う場合は、十分に換気に留意しなければならない。

洗濯に使う合成洗剤は、どこの家庭にもある代表的な化学物質である。現在は直鎖アルキルベンゼンスルホン酸ナトリウム（LAS）が性能に優れ、安価であることから広く使われている。合成洗剤が開発されたころは、分岐鎖アルキルベンゼンスルホン酸ナトリウム（ABS）が使用されていたが、微生物によって分解されにくいため、河川や下水処理場で泡が立ったり、魚毒性があるなどの問題が起こっていた。これに対してLASは微生物による生分解性が高く、ソフト型洗剤とよばれている。さらに界面活性剤

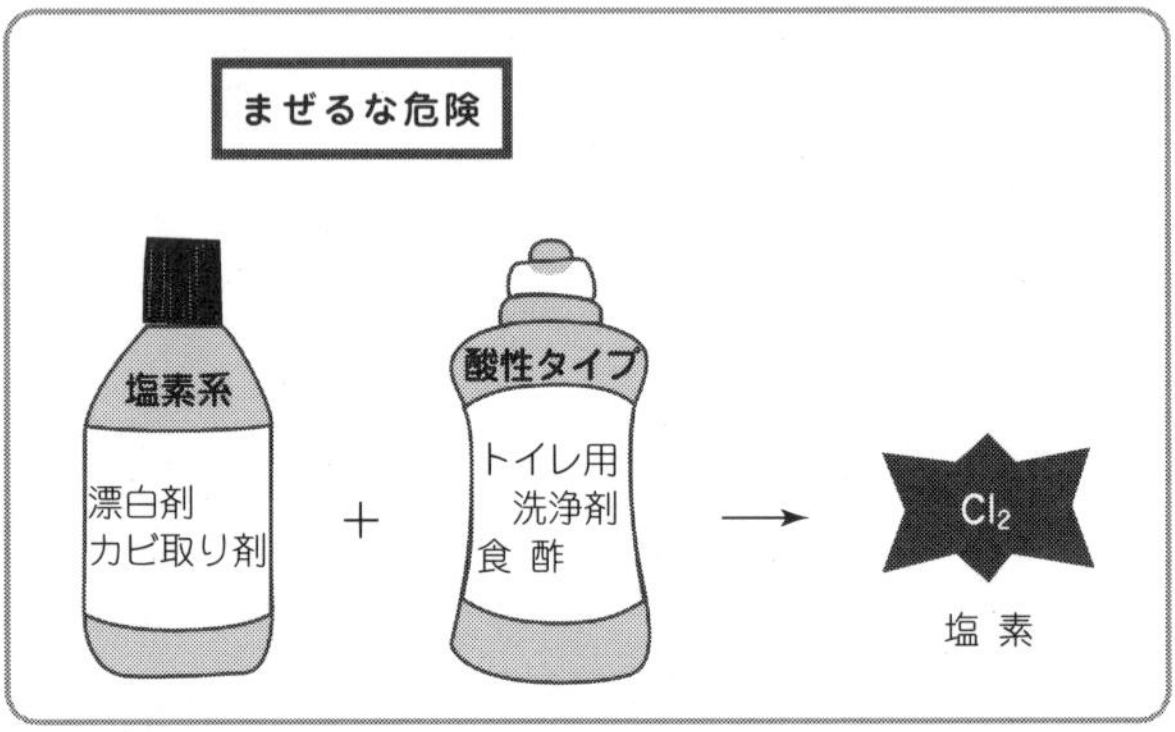

図5・1　塩素系漂白剤・カビ取り剤と酸性洗浄剤との反応

としての効果を増すために加えるビルダー（洗浄力増強剤）も、以前はリン酸塩が用いられていたため、湖や内海で富栄養化現象が起こり、それに伴って赤潮が発生した。現在はリン酸塩に代わって、ゼオライトなどが用いられている。

2　室内環境が健康に与える影響

これまで住まいにおける空気汚染といえば、浮遊粉塵や、室内での調理器具や暖房器具の燃焼による一酸化炭素などが問題視されてきたが、前節で述べたようにさまざまな化学物質が生活環境で利用されるようになったため、一部の化学物質が室内空気汚染源となる可能性が指摘されるようになってきた。

人間は一日に約十五立方メートルもの空気を呼吸している。空気は食べ物や飲み物のように産地や添加物表示を確認して摂取することができない。また、食べ物は肝臓で解毒されるが、吸入した空気は鼻や気管を通って肺に入り、直接血液に入り込む。このため空気の汚れは鼻や気管だけでなく、身体のさまざまな部分に影響を及ぼす可能性がある。

私たちは一日のうち九割程度の時間を室内で過ごすため、室内空気が身体に与える影響は小さくない。住生活の安全性を考えるうえで、住空間の空気環境は最も重要な要素の一つだといえる。ＷＨＯ欧州保健センターも「清浄な空気を呼吸するのは人の権利である」と宣言している。

日本の住まいは、その温熱環境の向上だけでなく、省エネルギーなどの観点からも、高気密・高断熱化が進行している。居住空間では一時間当たり〇・五回の換気（二時間で一回部屋の空気が入れ替わる）が望ましいが、近年の高気密化した住宅では換気設備なしに〇・五回の換気を確保するのは困難な場合が多い。このため、生活空間で発散した化学物質が外気に排出されず、室内濃度が高くなりやすい。

シックハウス症候群

一九九五年ごろから「シックハウス症候群」という言葉がマスコミによく登場し、一般に認知されるようになった。

シックハウス症候群とは、新築や改築後の住宅やビルで、のどが痛い、せきが出る、身体がだるいなどさまざまな体調不良の症状が生じることをいう。症状の有無や程度には個人差があり、同じ時期に同じ住宅やビルに入居しても症状の出る人と出ない人がある。また、症状は多様で、原因物質と症状には明確な相関関係がみられない。住宅やビルが原因であるため、その住宅やビルから離れると症状が軽くなるという特徴がある。

日本では住宅における室内空気汚染が原因で症状が起こることが多く、一般に「シックハウス症候群」とよばれているが、近年、学校やオフィスなどでの発症も問題となっている。

化学物質過敏症

シックハウス症候群と同様、空気中の化学物質が身体に影響する症状として「化学物質過敏症」がある(6章参照)。化学物質過敏症とは、一般の人なら適応できる程度の、ごく微量の化学物質により多彩な症状を発症する慢性疾患で、原因となる化学物質が存在する場所ならどこでも発症する。長期的に、また一度に多量の化学物質に暴露された場合に発症し、北里研究所病院の分析によると、化学物質過敏症の原因の六割程度は住まいの空気汚染である(1)。

3　室内空気を汚染する化学物質

建材・施工材および生活用品からは、さまざまな室内空気を汚染する化学物質が発散している（図5・2、表5・1）。

フローリング、合板等木質建材　合板製造やフローリングの表面化粧材貼りに使う製造用接着剤はホルムアルデヒドを含む。また、フローリングの表面塗装用塗料はトルエン、キシレンを含むことが多い。

施工用接着剤　フローリングやクロスは接着剤を用いて施工する。施工用接着剤はホルムアルデヒド、トルエン、キシレン、フタル酸エステルを含む場合がある。

家具　木質建材と同様、合板、MDFなどを基材とし接着剤を使用して製造され、塗装されるため、ホルムアルデヒド、トルエン、キシレンを発散する可能性がある。扉や棚板、引き出しがあるため、表面積が大きく、化学物質の含有量、放散量も多い。

殺虫剤・防虫剤　農薬やシロアリ駆除剤（防蟻剤）と同様の化学物質が使われている場合が多い。

a　フローリング，合板等木質建材：ホルムアルデヒド，トルエン，キシレン
b　クロス，クロス施工用接着剤：
　　ホルムアルデヒド，トルエン，キシレン，フタル酸エステル
c　家具：ホルムアルデヒド，トルエン，キシレン
d　防虫剤：パラジクロロベンゼン，ピレスロイド
e　カーテン：ホルムアルデヒド
f　ワックス：トルエン，キシレン
g　開放型燃焼機器：窒素酸化物，一酸化炭素，ホルムアルデヒド
h　タバコ：ベンゼン，トルエン，ホルムアルデヒド
i　床下（シロアリ駆除剤）：クロルピリホス*，ピレスロイド
＊ 2002 年 7 月の建築基準法改正により，クロルピリホスの使用が禁止された（2003 年 7 月施行）

図5・2　住空間を汚染する可能性のある化学物質

衣料用防虫剤にはパラジクロロベンゼン、ピレスロイドなどが有効成分として使われることが多い。衣料用防虫剤は防虫成分を放散しつづけることにより効果を維持するため、常に室内空気環境に影響を及ぼす。蚊取り線香のような殺虫剤は寝室など閉めきった部屋で使うことが多く、高濃度となりやすい。使い切りタイプの家庭用殺虫剤は部屋全体にまんべんなく有効成分を行き渡らせ、かつ、駆除効果持続を目的としているため、室内に残留する。

カーテン　カーテンは難燃、防縮などの性能を付加するために薬剤を使うことがある。綿など天然素材のものには形態安定のためにホルムアルデヒドを添加することがある。

ワックス　フローリング材や家具の

表5・1　建材や生活用品に含まれる可能性のある化学物質

建材・生活用品	含有化学物質の例
フローリング，合板，家具	ホルムアルデヒド，トルエン，キシレンなど
クロス	フタル酸エステル，トルエン，キシレンなど
断熱材	ホルムアルデヒド，スチレンなど
施工用接着剤	ホルムアルデヒド，トルエン，キシレン，フタル酸エステル
シロアリ駆除剤	クロルピリホス†，ピレスロイドなど
木材保存剤	クロルピリホス†，ピレスロイドなど
ワックス	トルエン，キシレン
衣類防虫剤	パラジクロロベンゼン，ピレスロイド，エムペトリンなど
殺虫剤	ピレスロイド，シラフルオフェンなど
消臭剤，芳香剤	パラジクロロベンゼンなど
開放型燃焼機器	窒素酸化物，一酸化炭素，ホルムアルデヒドなど
タバコ	ベンゼン，トルエン，ホルムアルデヒドなど

† 2002年7月の建築基準法改正により，クロルピリホスを添加した建材の使用が禁止された（2003年7月施行）．

つやを保ち表面を保護するために定期的に塗布する。溶剤に有機化合物を使うものがあり、塗布するとトルエンやキシレンが室内に発散する。

消臭剤・芳香剤　トイレなどの消臭剤、芳香剤にはパラジクロロベンゼンが使用されている場合がある。トイレは空間が小さく、ほぼ常時閉めきっているため、室内濃度が高くなりやすい。

開放型燃焼機器　石油やガスを燃料とするストーブやファンヒーターで、室内に排気するもの（開放型燃焼機器という）は、窒素酸化物（NO_x）や、一酸化炭素（CO）、ホルムアルデヒドなどを発散する。

4　化学物質の室内濃度

厚生労働省「室内濃度指針値」

前述のように住宅などの室内には、シックハウス症候群のおもな原因物質といわれるようになったホルムアルデヒドやＶＯＣ（揮発性有機化合物）など、百種類以上の化学物質が存在するようだ。厚生労働省は室内空気中に存在し、居住者の健康に悪影響を与えるおそれのある化学物質について科学的知見の得られたものから順次「室内濃度指針値」を策定している（表5・2、二〇〇二年現在一三物質、今後随時追加予定）。

室内濃度指針値は、長期間の暴露によって起こる毒性を指標として決められたもので、人が一生涯その濃度の化学物質にさらされたとしても、健康への有害な影響を受けないと考えられる濃度をいう。

表5・2　厚生労働省室内濃度指針値

物質名	指針値〔μg/m^3〕	室内でのおもな発生源	人体への影響
ホルムアルデヒド	100	合板，フローリング，接着剤，家具	刺激臭，目・鼻・気道への刺激
トルエン	260	塗料，施工用接着剤，ワックス，化粧品	けん怠感，知覚異常，吐き気
キシレン	870	塗料，施工用接着剤，ワックス	けん怠感，知覚異常，吐き気など
エチルベンゼン	3800	塗 料	目・鼻・その他の粘膜への刺激，継続暴露でめまい
スチレン	220	断熱材，スチロール	目や鼻腔粘膜への刺激，長期暴露でめまい・頭痛など
パラジクロロベンゼン	240	衣類の防虫剤，トイレ消臭剤	強い臭気，目・鼻・のどに刺激
クロルピリホス	1 小児 0.1	シロアリ駆除剤，防虫処理建材	けん怠感，頭痛，めまい，悪心
フタル酸ジ-*n*-ブチル	220	接着剤，ビニールレザー	粘膜への刺激
テトラデカン	330	塗料，灯油	高濃度では刺激性・麻酔作用，接触性皮膚炎
フタル酸ジ-2-エチルヘキシル	120	壁紙，電線被覆材，クッションフロア	高濃度で目・皮膚・気道に刺激，長期間接触で皮膚炎
ダイアジノン	0.29	殺虫剤	けん怠感，頭痛，めまい，悪心，嘔吐
アセトアルデヒド	48	合板，フローリング，接着剤，タバコ	高濃度で目・鼻・のどに刺激，結膜炎，目のかすみ
フェノブカルブ	33	シロアリ駆除剤，殺虫剤	息苦しさ，高濃度では呼吸困難

ただし、ホルムアルデヒドの室内濃度指針値は短期間の暴露によって起こる毒性を指標として決定されている。

日本の住宅の化学物質室内濃度

国土交通省室内空気対策研究会は、二〇〇〇年度から新築住宅を中心に毎年度全国約五千棟の住宅の化学物質室内濃度実態調査を行っている（図5・3）。

この調査によるとホルムアルデヒド室内濃度は、二七・三％の住宅で指針値を上回っていた（二〇〇〇年度）。二〇〇一年度調査[2]では指針値を上回る住宅の割合が一三・三％に減少しているが、これはホルムアルデヒド放散量低減建材の普及によるものと考えられる。

ホルムアルデヒドと VOC

ホルムアルデヒド (HCHO) は，無色で刺激臭のある気体である．その 37 %水溶液はホルマリンとよばれ，殺菌・防腐剤に使う．接着剤原料として使用されるため，合板など接着剤を利用する建材に含まれる．また，綿製カーテンや衣類などの形態安定剤として添加されていることが多く，これらの製品からも発散する．刺激臭があり，目や鼻，気道に影響を与える．一般に 0.05 ppm 程度から臭いを感じ，濃度が高くなると目や鼻，のどに刺激があり，さらに高濃度では涙が出たり，くしゃみ，吐き気などを催すことがある．また，皮膚刺激性があり，家庭用品規制法で生後 24 カ月以内の乳児の衣類からは一切検出されてはならないことになっている．国際がん研究機関 (IARC) による発がん性評価では「発がんが疑われる物質」とされている．

VOC は揮発性有機化合物（Volatile Organic Compounds）の略称である．WHO は有機化合物を沸点により分類していて，沸点が 50〜260 ℃のものを VOC という．一般に室内にはトルエン，キシレン，パラジクロロベンゼンなど多種の VOC が存在している．

この調査ではホルムアルデヒドのほかにトルエン、キシレン、エチルベンゼン、スチレンの室内濃度を測定している。キシレン、エチルベンゼン、スチレンの場合、室内濃度が指針値を超えている住宅はゼロまたは数戸程度と非常に少ないが、トルエンは、二〇〇〇年度で一三・六%、二〇〇一年度では六・四%の住宅で指針値を上回っている。

5　住生活の安全性確保のために

シックハウス問題は、人間の生活基盤である住宅が人の健康に悪影響を与えるという点で重大な問題であり、行政や関連業界は迅速に対応を進めてきた。関連省庁や学識経験者、関連業界による研究会では、現状把握、原因究明と改善策検討が行われている。建材仕様もここ数年でかなり改善された。そして室内空気環境保全のための法改正が行われるなど、環境が整いつつある。

二〇〇二年七月には国土交通省が建築基準法を改正し、

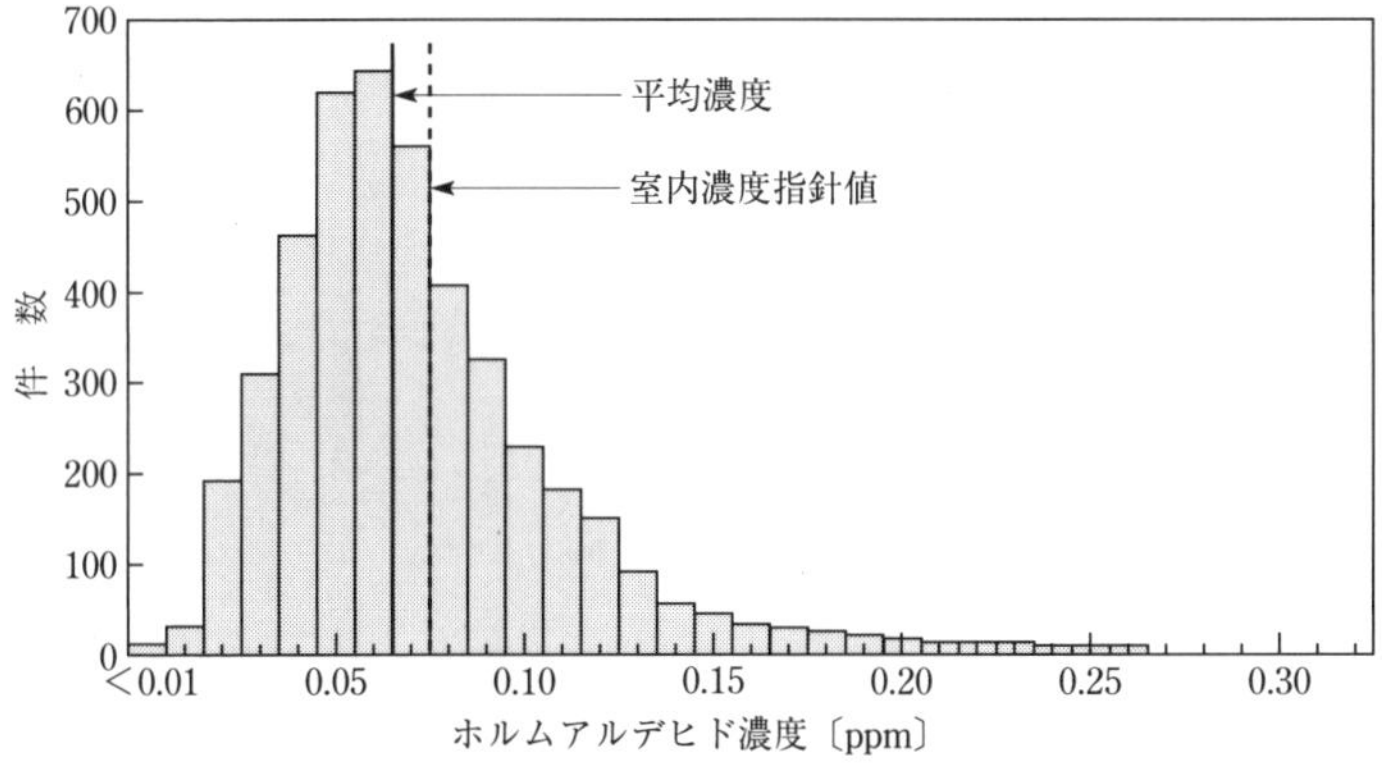

図5・3　ホルムアルデヒド室内濃度分布[2]（2000年度）

シックハウス対策として建材の使用面積制限や居室の換気設備設置義務化など規制を強化した。建築基準法は、建物を建築する際に守らなければならない法律である。改正により、建築材料からの放散量低減と常時換気による継続的な室内濃度低減が行われ、室内空気環境改善が期待される。

また、学校や不特定多数の人が利用する大規模建築物については、室内空気環境保全を目的に室内の化学物質濃度基準が設けられた（文部科学省「学校衛生基準」改訂、厚生労働省「建築物における衛生的環境の確保に関する法律」施行令改正）。

これらの法整備により、建物の室内空気環境が向上することが期待されるが、前述したように室内空気汚染物質は、建物だけでなく家具や日用品などからも放散する。建物からの放散は時とともに減衰していくが、家具や生活用品は必要に応じて持ち込まれ使用されるため、常に気をつける必要がある。

居住者は、住まいや住環境で使用する生活用品について、化学物質含有状況に留意し、使用上の注意を守ることが重要である。また、このような状況を理解し、住まいの換気への配慮を忘れてはならない。

参考文献

（1）『シックハウス事典』日本建築学会編、技報堂出版、二〇〇一年。
（2）「室内空気対策研究会・実態調査分科会　平成十二年度報告書」二二ページ、「同　平成十三年度報告書」国土交通省、二〇〇一年、二〇〇二年。

6章 化学物質の健康影響と安全管理

合成洗剤、プラスチック製品、殺虫剤など、身のまわりを見渡すと多種多様な製品に合成化学物質が使用されている。私たちが享受している豊かで快適な現代の日常生活は、こうした物質により支えられているといっても過言ではない。

これら化学物質の多くは、その開発段階において、細胞や実験動物等を用いて急性毒性、慢性毒性に加えて残留性、難分解性などの物性を考慮した多角的な視点からの研究や毒性試験などが実施され、その安全性が保証されてきた。

ところが、「奪われし未来」[1]を契機としてさまざまな研究がなされた結果、生体に対して安全性が高いと考えられていた生活関連の化学物質が、内分泌系を撹乱し、生体に影響を及ぼすのではないかという報告が相次いだ。また、二〇〇二年四月にストックホルム大学とスウェーデン食品庁より、ポテトチップス、フライドポテトなどから発がん性をもつ可能性があるアクリルアミドが高濃度検出されるという報告[2,3]があり、食品や生活用品を介して体内に取込まれ、これまで安全とされてきた化学物質の健康への影響が懸念されている。

このように合成化学物質が人の健康に及ぼす影響は、多角的な観点から評価する必要性があり、そのためには分析化学、毒性学、生化学、有機化学などの学問体系を総動員して取組む必要が生じている。

私たちは、水、空気、食品などを通じて生命維持に必要な酸素や栄養素などを取込んでいる。一方、生活環境中に放出された化学物質が、水（河川水、地下水、海水など）、空気（室内空気、大気）、土壌などに蓄積したり、生物の体内で濃縮するなどの問題が発生している。その結果、私たちは人体にとって望ましくない化学物質も摂取することになった。食品を例に考えてみよう。食品中に残留する農薬、動物用医薬品などの化学物質は、食を介して日常的に摂取されており、ヒトの健康に対する影響が懸念されている（4章参照）。

この合成化学物質の影響を削減するという難しい課題に対処するためには、学問体系を総動員した科学的なアプローチと、得られた知見に基づく行政機関による法的規制などの対応が要求される（9章参照）。わが国では、すでに「化学物質の審査及び製造等の規制に関する法律（化審法）」が施行されている。これは新規の化学物質の製造または輸入に際し、事前にその化学物質が難分解性などの性状を有するかどうか審

急性毒性と慢性毒性

毒性は，その現れ方によって急性毒性と慢性毒性に分類される．急性毒性とは，有害物質を実験動物に１回投与して，１週間以内に現れる毒性作用のことである．急性毒性を示す代表的な物質には，サリンやフグ毒（テトロドトキシン）の神経毒がある．慢性毒性とは，急性毒性を示さない濃度の有害物質を長期間（6カ月以上）反復投与することによって現れる毒性作用のことである．おもにがんや機能性障害の症状を示す．代表的な物質には，発がん物質や重金属などがある．また，ダイオキシンは，急性毒性と慢性毒性の両方をひき起こすことが知られている．

査する制度である。さらに、有害性のある多種多様な化学物質が、どのような発生源から、どのくらい環境中に排出されたか、あるいは廃棄物に含まれてどのくらい事業所外に運び出されたかというデータを把握し、集計を行ったのち、公表するシステムとして、ＰＲＴＲ（環境汚染物質排出・移動登録、Pollutant Release and Transfer Register）制度が実施されている。

その一方で、生体影響が十分に解明されていない臭素化ダイオキシン類や内分泌撹乱化学物質などは、具体的な削減対策も不十分で、さらなる調査研究とそれに基づいた法規制が必要であろう。生活レベルの向上に伴い、生活環境の汚染、人や野生動物に対する悪影響などが危惧される。

1　化学物質の生体への暴露

生態系は、非生物的環境（大気、水、土）および生物的環境（生物圏——生産者、消費者、分解者）から構成されており、光、水や二酸化炭素などが絶えず変化しながら非生物的環境と生物圏の間で循環して、動的平衡状態が保たれている。この平衡状態を維持することが環境保全につながるが、人間の生活環境を重視するあまり、人為的・非意図的に生成された化学物質により乱されているのが現状である。つまり、人為的につくられた化学物質は、

暴　露

有害な化学物質が非意図的に口や気道，皮膚を通して生体内に取込まれることを暴露とよぶ．一般的な暴露経路には，化学物質に汚染された環境（水，土壌，空気）によるものと，汚染された食品などの摂取によるものがある．

私たちの生活を向上させる一方で、生態系の平衡を崩してしまう可能性も持ち合わせているといえる。

　私たちは、生態系の中で生物的環境に属しているため、生態系の撹乱は、健康問題に直結している。その具体例の一つとして、食物連鎖による生物濃縮があげられる。

　生物濃縮とは生物が体内に取込んだ物質が蓄積されて環境よりも高い濃度になることで、濃縮係数（生体内濃度と環境内濃度の比）で示すことができる。脂溶性の高い化学物質や生体成分と結合しやすい化学物質は、食物連鎖の上位に位置する生物へ蓄積されていく。高い濃縮係数をもつ代表的化学物質は、有機塩素系農薬、ダイオキシン類、ＰＣＢ、メチル水銀である。これらの物質は、いずれも生物体内で代謝されにくく、難分解性であり、生物体内から排泄されにくいので、蓄積する傾向がある。急性毒性よりはむしろ慢性毒性があり、人は、間接的経路により暴露されることが多い。

　また、非生物的環境に放出された化学物質により、直接的経路で暴露されることもある（図６・１）。最近では直接的経路による暴露の中に生活環境からの暴露も加わっている。タバコ、化粧品、玩具、

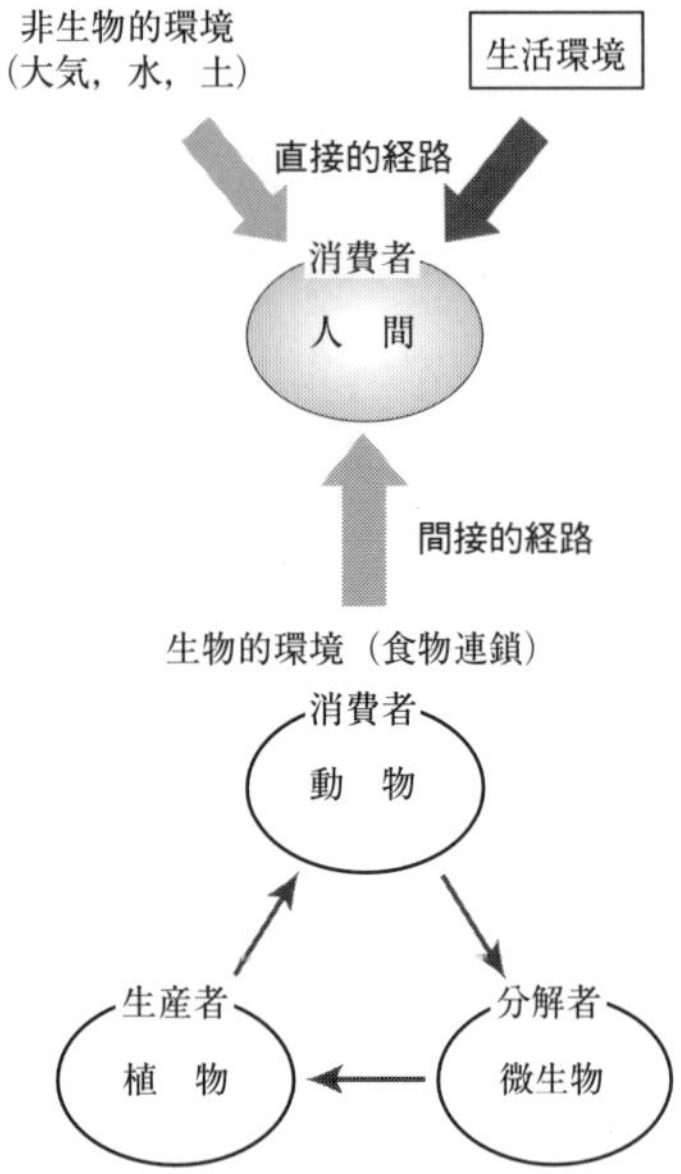

図６・１　人間への暴露

食品用容器、医療行為など現代生活を支えるものの多くがその対象となっている。現在、生活環境からの直接的暴露経路が特に注目され、その削減や安全性の向上のために研究が進められている。

2　有害物質の評価と規制

わが国では、一九六八年のPCBによるカネミ油症事件を契機として一九七三年に「化学物質の審査及び製造等の規制に関する法律（化審法）」が制定された。この法律により新たに製造・輸入される化学物質については事前に人への有害性などについて審査するとともに、環境を経由して健康を損なう恐れがある化学物質の製造、輸入および使用を規制する仕組みが設けられた。二〇〇一年からは環境省、厚生労働省および経済産業省が関与して、年間約三〇〇件の新規化学物質にかかわる審査がなされるなど、健康に有害な化学物質について環境汚染の防止が図られている。

二〇〇二年九月現在、難分解性、高蓄積性で長期毒性を有する第一種特定化学物質（表6・1）としてPCB、DDT等一三物質が指定されており、製造・輸入および使用が原則として禁止されている。難分解性で長期毒性を有し、広範囲に残留している化学物質として、トリクロロエチレン等二三物質が第二種特定化学物質（表6・1）に指定されている。また、クロロホルム等六一六物質が難分解性で長期毒性の疑いを有する指定化学物質として規制されている[*1]。

一方、非意図的副生成物としてダイオキシン類（7章参照）の削減対策が検討され、生体への暴露量も減少傾向にある。しかし、最近、きわめて微量で内分泌系に作用し、神経系や免疫系にも影響を

表6・1　化審法に指定されている化学物質の一例

名　称	おもな用途
第一種特定化学物質†	
① PCB	絶縁油など
② ポリ塩化ナフタレン（塩素数3以上）	機械油など
③ ヘキサクロロベンゼン	殺虫剤など原料
④ アルドリン	殺虫剤
⑤ ディルドリン	殺虫剤
⑥ エンドリン	殺虫剤
⑦ DDT	殺虫剤
⑧ クロルデン類	シロアリ駆除剤など
⑨ ビス(トリブチルスズ)オキシド	魚網防汚剤，船底塗料など
⑩ *N*, *N*′-ジトリル-*p*-フェニレンジアミン，*N*, *N*′-ジキシリル-*p*-フェニレンジアミン，*N*-トリル-*N*′-キシリル-*p*-フェニレンジアミン	ゴム老化防止剤，スチレンブタジエンゴム
⑪ 2,4,6-トリ-*tert*-ブチルフェノール	酸化防止剤，その他の調製添加剤（潤滑油用または燃料油用のものに限る），潤滑油
⑫ トキサフェン	殺虫剤，殺ダニ剤（農薬用および畜産用）
⑬ マイレックス	樹脂，ゴム，塗料，紙，織物，電気製品などの難燃剤，殺虫剤，殺蟻剤
第二種特定化学物質	
① トリクロロエチレン	金属洗浄溶剤など
② テトラクロロエチレン	フロン原料，金属，繊維洗浄溶剤など
③ 四塩化炭素	フロン原料，反応抽出溶剤など
④〜⑩ トリフェニルスズ化合物（7種）	魚網防汚剤，船底塗料など
⑪〜㉓ トリブチルスズ化合物（13種）	魚網防汚剤，船底塗料など

†　2003年の法改正により第一種特定化学物質に，⑭2,2,2-トリクロロ-1,1-ビス（4-クロロフェニル）エタノール（別名：ケルセンまたはジコホル），⑮ヘキサクロロブタ-1,3-ジエンが加えられた．

及ぼし、世代を超えた生体への影響が懸念される内分泌撹乱化学物質の存在が注目されている。

内分泌撹乱化学物質

内分泌撹乱化学物質は、「環境」に放出されてあたかも「ホルモン」の様に作用することから、環境ホルモンとよばれることもある。ホルモンとは、本来、生物の恒常性を維持するために、必要なときに必要な量だけ臓器から放出され、特定の受容体に働きかけ、細胞を活発に働かせる物質であり、この仕組みを内分泌系とよぶ。内分泌撹乱化学物質は、生体内でホルモンに似た作用を示し、細胞内の受容体に働きかけてしまうため、生物の恒常性が崩壊し、生殖異常等、生体にさまざまな影響を及ぼすのではないかと危惧されている。

内分泌撹乱化学物質をはじめて報告したのは、一九九六年に米国で出版された「奪われし未来[1]」である。この本の中で、著者のシーア・コルボーンらは、世界各国における生物系に対する異常現象を報告している。一九三〇年代に合成されたジエチルスチルベストロール（DES）の報告を検証し、医薬品と認可されていたDESを妊娠期に摂取すると胎児への影響があることを述べている。また、身近な製品に用いられている化学物質にも弱い女性ホルモン作用があると報告している。実際、工業用の洗剤やプラスチックの安定剤原料として使用されているノニルフェノール（NP）、プラスチックの一種であるポリカーボネートの原料であるビスフェノールA（BPA）が、魚類に対して非常に弱い内分泌撹乱作用をもつという報告も発表されている[4,5]。このような化学物質は、微量でホルモン活性に影響を及ぼし、胎児や生殖へ何らかの活性を示すと危惧されているが（図6・2）、現在、この内分泌撹乱化学物質による人への影響は、確実には判明していない。つまり、本当に人に対して影響を及ぼすのかは定かではない。今もなお、多くの研究者が微量化学物質の内分泌撹乱作用と人への影響を検討している段階である。

化学物質過敏症

体内蓄積性の低い化学物質に関しても、可能なかぎり生活環境からの直接暴露で被る生体への影響を軽減する必要があり、内分泌系に限らず、神経・免疫系まで多角的な観点で研究が行われている。

実際に健康に対する影響が人に現れ、その原因物質の解明が要求されている問題に化学物質過敏症がある(5章参照)。おもな症状は頭痛、吐き気、不眠、不安、皮膚炎など多彩である。これらの症状はアレルギー性疾患と共通しているが、大きく異なる点は、アレルギー性疾患では

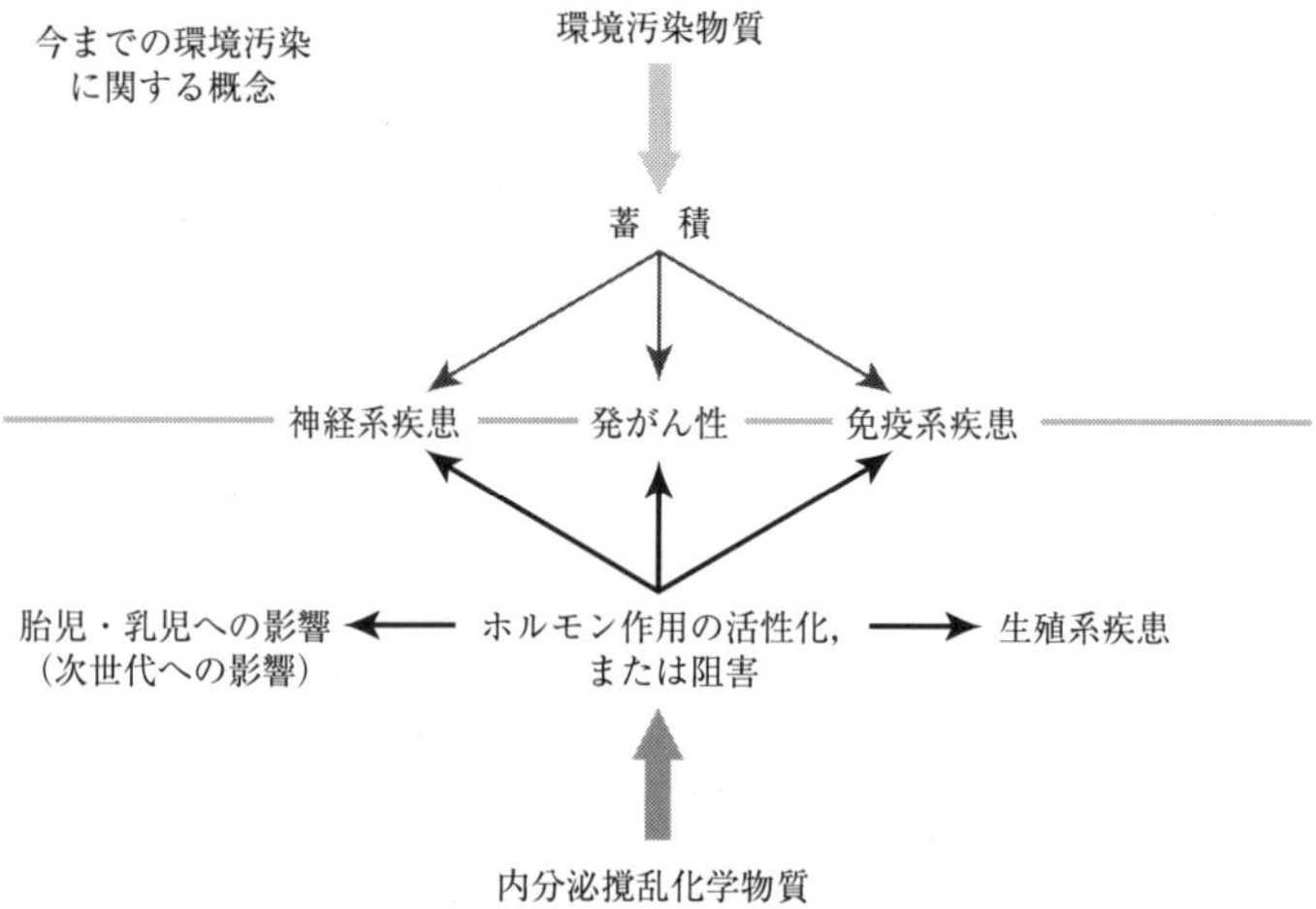

図6・2　環境汚染物質および内分泌撹乱化学物質の生体影響

明確な抗原が存在し、抗原抗体の過剰な反応によるものであるのに対し、化学物質過敏症のほとんどが、単なる免疫応答ではなく、神経系に対する影響も関与していることであろう。

しかし、この疾病は、個人差が大きく、人によって症状や原因物質が異なり、微量な暴露で発症する人としない人がいるなどの複雑さもあって、いまだ医療関係者においても十分に認識されてはいない。

3　化学物質の管理

化学物質は私たちにとって有用なものであるが、その中には有害な性質、たとえば発がん性があったり、生物に奇形や生殖機能の異常などをひき起こすものもある。こうした物質が環境中に排出され、汚染された空気を吸引、または食物を摂取することによって人や野生生物などの体内に取込まれた場合、生物の存続にかかわる取返しのつかない被害が発生する可能性がある。

このように、化学物質などが環境中に排出され、環境中の経路を通じて人の健康や生態系に有害な影響を及ぼす可能性のことを、「環境リスク」という。現在、世界では一〇万種、国内だけでも数万種の化学物質が使用されており、そのうちのほとんどが、環境リスクを大なり小なりもっていると考えられる。この中には、環境リスクの評価が十分に行われていないものもある[*2]。

このような現状の中、環境省を中心にして、毎年どのような化学物質が、どの発生源から、どれだけ排出されているかを知るために、前述のＰＲＴＲシステムを一九九九年「特定化学物質の環境への排出量の把握等及び管理の改善の促進に関する法律（化管法）」により制度化した。

ＰＲＴＲ制度とは、有害性のある多種多様な化学物質が、どのような発生源から、どれくらい環境中に排出されたか、あるいは廃棄物に含まれてどれくらい外部に運び出されたかというデータを把握し、集計し、公表する仕組みである。対象として指定された化学物質を製造したり、使用したりしている事業者（企業、高等教育機関、自然科学研究所）は、環境中に排出した量と、廃棄物として処理するために外部へ移動させた量とをみずから把握し、行政機関に毎年届け出なければならない。行政機関は、事業者からのデータを整理して集計し、家庭や農地、自動車などから排出されている対象化学物質の量を推計して、二つのデータをあわせて公表する。このような法制度のもとに、環境省より二〇〇三年三月に二〇〇一年度のＰＲＴＲが公表され、指定された化学物質について、発生源、排出量、移動量などの情報を行政、事業者、消費者が共有することが可能となった。

さらに、事業者による化学物質の適切な管理を促進するために、「ＭＳＤＳ（化学物質等安全データシート、Material Safety Data Sheet）」とよばれている制度もある。この制度に基づき事業者は化学物質や製品を他の事業者に出荷する際に、その相手方に対して、その化学物質の安全性や毒性に関するデータ、取扱い方、救急措置などの情報を文章または磁気ディスクにより提供する。化学物質を適正に管理していくためには、事業者が自分の取扱っている化学物質やそれを含む製品に関して、成分や性質、取扱い方法を知っておくことが重要である。二〇〇一年一月から、化管法第一種指定化学物質と第二種指定化学物質、およびこれらを含む製品について、ＭＳＤＳの事前提供が義務化された。

わが国ではこれまで、化学物質の生産、使用、廃棄・排出に関するいくつかの法律が制定され、環境リスクが大きい物質について、一つ一つ規制を行ってきた。しかし、多数の化学物質が複合的に環境リスクをもっていると考えると、限られた物質を個別に規制していくだけでは、人の健康や生態系の健全性を守るのに必ずしも十分ではない。個々の物質のリスク評価を進めていくことは無論重要であるが、これと並行して、多くの物質の環境リスクを全体としてできるだけ低減させていく、という考え方が必要である。事業者によるエネルギー消費の抑制、二酸化炭素の排出量削減、環境保全など具体的な試みが進行している。

化学物質は事業活動により、生産、使用、廃棄され、その過程で環境中に排出されているが、消費者（市民）による製品の使用・消費によっても、環境中に排出される。したがって、化学物質の環境リスクを減らすためには、行政だけでなく事業者や市民もそれぞれの立場から取組むことが大切である。まず、事業者は排出する化学物質の量が少なくなるように努力する必要がある。市民も、みずからの生活を点検し、化学物質の使用量を減らしたり、再利用を心がけたりすることが必要である。また、NGO（非政府組織）が市民を代表して、行政や事業者に対し、化学物質の環境リスクの削減を働きかけることも重要であろう。そのため、どのような物質が、どこから出てどこへ行っているのか、それはどのくらいの量なのか、といった基本的な情報をすべての関係者で共有することが望まれる。また、それぞれの活動・対策の効果を確かめるためには、化学物質の排出などの状況を定期的に追跡・評価する必要がある。

このようにPRTRとMSDSをもとに、多くの化学物質がもつ環境リスクを全体として低減させていくため、行政、事業者、市民・NGOがおのおのの立場から協力して、環境リスクをもつ化学物質の排出削減に取組んでいく必要がある。市民と事業者、行政の個々が、積極的に情報を共有し、疑問や質問を投げかける、意見を表明するといった「リスクコミュニケーション」を進めていくことが強く望まれるであろう。

参考文献

（1）シーア・コルボーンほか著、長尾 力訳『奪われし未来』翔泳社、一九九七年。

（2）E. Tareke, P. Rydberg, P. Karlsson, S. Eriksson, M. Tornqvist, J. Agric, 'Analysis of acrylamide, a carcinogen formed in heated foodstuffs', *Food Chem.*, **50**, 4998～5006 (2002).

（3）J. Rosen, K. E. Hellenas, 'Analysis of acrylamide in cooked foods by liquid chromatography tandem mass spectrometry', *Analyst*, **127**, 880～882 (2002).

（4）A. M. Soto, H. Justicia, J. W. Wray, C. Sonnenschein, '*p*-Nonyl-phenol : an estrogenic xenobiotic released from "modified polystyrene"', *Environ. Health Perspect.*, **92**, 167～173 (1991).

（5）A. V. Krishnan, P. Stathis, S. F. Permuth, L. Tokes, D. Feldman, 'Bisphenol-A : an estrogenic substance is released from polycarbonate flasks during autoclaving', *Endocrinology*, **132**, 2279～2286 (1993).

＊1　二〇〇三年五月二八日、化審法の改正が公布され、二〇〇四年四月より施行となった。法律目的の「人の健康を損なうおそれ」の後に「又は動植物の生息若しくは生育に支障を及ぼすおそれ」が追加され、対象物質の分類としては、改正前までの第一種特定化学物質、第二種特定化学物質に加え、第一～三種監視化学物質が追加された（改正前の指定化学物質は第二種監視化学物質に相当）。化学物質評価には、生態毒性が加えられた。

＊2　一九九七年度から環境省は環境リスクの可能性が高い物質を選び、初期リスク評価（リスクを過大に見積もる手法）を進め、これまでに一三七物質の環境リスク初期評価をとりまとめている。

7章 ごみとリサイクル

1 国レベルの物質収支

一九九五年一月一七日、阪神・淡路大震災が発生し、五千人以上の尊い命が失われたことは記憶に新しい。その際、家屋や建築物の倒壊による解体廃棄物の問題も発生した。公表された解体廃棄物の発生量は、住宅・建築物系で一三〇〇万トン、道路、鉄道、公営住宅などで五五〇万トンの合計一八五〇万トンである。日本全体で家庭を中心に発生する一般廃棄物の発生量は年間約五千万トンなので、その四〇%に相当する。わずか数十秒の地震で、日本で年間に発生するごみの四割が発生したことになる。当時、神戸市は日本最大の山間埋立地をもっていたが、これら解体廃棄物の処分により、既存処分地の余命はあと数年に迫るという状況となった。

阪神大震災における建築物の廃棄物発生量一三〇〇万トンと、地域の建築物の延べ床面積から推算した一平方メートル当たりの廃棄物発生量は約一トンである。この量はきわめて大きく、一〇〇平方メートルの家屋では一〇〇トンとなる。日々排出する一人一日当たりの一般廃棄物が約一キログラム、三人の家庭が一年間に排出する廃棄物の量が約一トンであることを考えれば、約百年分の一般廃棄物量に相当する。

この地震のときに発生した解体廃棄物の問題は、日本全体の物質収支、つまり資源を何トン使って製品を何トン輸出するか、そして廃棄物として何トン排出するかといった物質の出入りの量と深くかかわる。

図7・1に、環境白書で公表されている日本の二〇〇〇年度の物質収支の要点をまとめた。多くの資源を利用しているが、食料消費に使われたのは一・三億トン、エネルギー消費に使われたのは四・二億トンと、総物質投入量二一・三億トンに比べてそう多くない印象を受ける。二〇〇〇年度

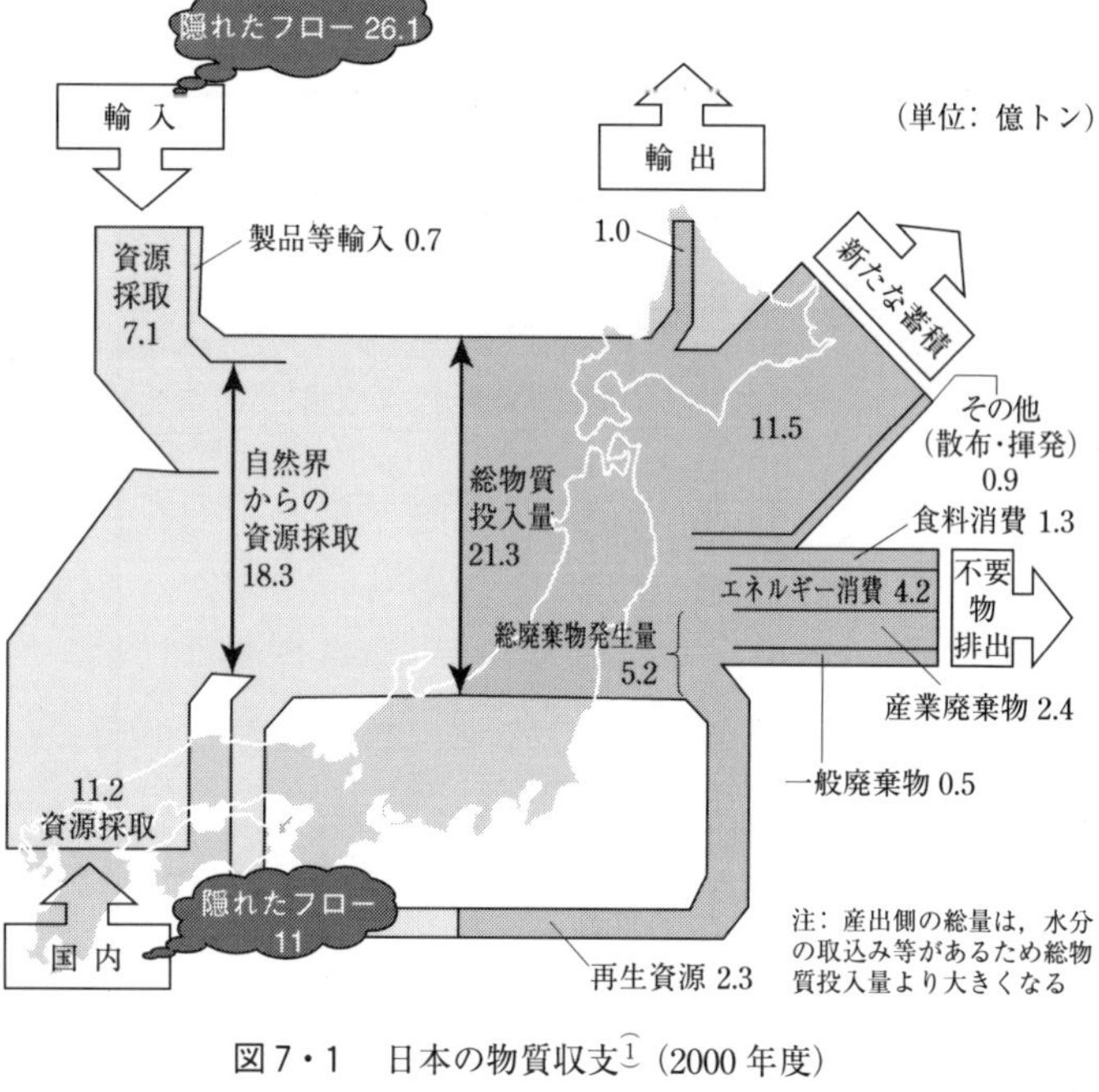

注：産出側の総量は，水分の取込み等があるため総物質投入量より大きくなる

図7・1　日本の物質収支[1] (2000年度)

の総資源投入量のうち、自然界からの資源量が一八・三億トン（国内資源一一・二億トン、輸入資源七・一億トン）であるのに対し、再生資源量は二・三億トンにすぎない。そして、廃棄物量五・二億トンと総資源投入に対して約二五％であり、そのうち、再生に回るものの総計が二・三億トンで、焼却や埋立てされる量が約三億トンである。

ここで、地震のときに発生する解体廃棄物との関係である。エネルギーや食料などの消費量、廃棄物としての不要物排出量を除いた一一・五億トンを超える蓄積が毎年なされているのである。この一部が、先の阪神大震災では、一気に廃棄物になって目の前に現れたわけである。見方をかえれば、一〇〇平方メートルの家屋で発生する一〇〇トンの廃棄物は、たとえ災害がなくとも、再利用に力を注がないかぎり解体時にはいずれ発生する。建築物は非常に多くの廃棄物を発生する可能性をもっていることになる。

国立環境研究所の森口らは、こうした国レベルの物質収支、マテリアルフロー勘定に関し興味深い国際共同研究を行っている(2)。マテリアルフロー勘定とは、ある国や地域などに投入される資源やエネルギーと、そこから産出される製品、副産物、廃棄物、汚染物質などについて、その総量や特定の物質の量、あるいはその収支バランスを体系的・定量的に把握する手法である。彼らの成果の優れた点は「隠れたフロー」と称する、従来のマテリアルフローから漏れていた量の把握を行っていることである。人間活動によってひき起こされながらも、経済の取引対象として扱われないためにマテリアルフローに勘定されてこなかった、鉱物資源の採鉱段階で掘削される表土や岩石、不純物、そして木材資源の採取段階で伐採されながら商品化されない木材などがこれに該当する。日本の約七億トンの輸入資源は輸入相手国で隠れたフローを背負うこととなるが、その量は約二六億トンと推計されている。国内の隠れたフローは約一一億トンであり、両者を合わせ、自然界からの資源採取量約一八億トンに対し約二倍の隠れたフローを背負っていることになる。

2　廃棄物対策の原則――3Rプラス適正処理・処分――

日本の廃棄物政策は、第二次大戦後、公衆衛生の視点から始まった。つまり、廃棄物に含まれる微生物を介した感染症を防ぐため、廃棄物に含まれる微生物を適正に滅菌することが第一の目的とされた。年間一五〇〇ミリメートル程度の降雨量をもつ高温多湿の日本では、ごみを通じた病気のまん延を、まず心配したわけである。そのため、一九六〇年代より計画的に焼却施設の建設が進められた。その後、一九七〇年代の石油危機により、エネルギー源としての廃棄物が見直され、ごみ焼却発電によるエネルギー回収が推進されていくこととなる。

一九八〇年代になって、産業社会と消費社会の構造に起因する廃棄物の発生構造に対する警鐘を鳴らす声が起こりはじめる。こんなにごみを出す社会の構造は良くないのではないかという声はしだいに大きくなっていった。こうした警鐘を、廃棄物対策としての「発生回避（リデュース）」、「再使用（リユース）」、「再生利用（リサイクル）」の3R政策として、公式に制度に盛り込むこととなったのが、一九九一年の改正廃棄物処理法だった。すなわち、「安定化、減量化、エネルギー利用」を基調とした廃棄物政策に、「発生回避、再使用、再生利用」の視点を追加し、これらに高い優先性を与えたのである。図7・2のように、ピラミッドの上にある方策――発生回避や再使用などを優先する考え方だといえる。その後、一九九三年に制定された「環境基本法」では、循環、共生、国際協調が基本原理とされ、二〇〇〇年には「循環型社会形成推進基本法」で3Rと廃棄物の適正処理の概念が導入された。こうした廃棄物政策の展開のなかで、階層性を念頭においた物質循環や廃棄物政策の考え方、つまり「発生回避、再使用、再生利用、適正処理、最終処分を物質循環や廃棄物対策の原則として、この順に優先順位を考えること」は、さまざまな法制度や環境政策の具体化の場で、基本的認識となっている。

一方、図7・2に示したとおり、こうした優先性の考え方（階層的対策）とともに、それぞれの対策を大切に考える視点（総合的対策）もまた忘れてはならない。なぜなら、

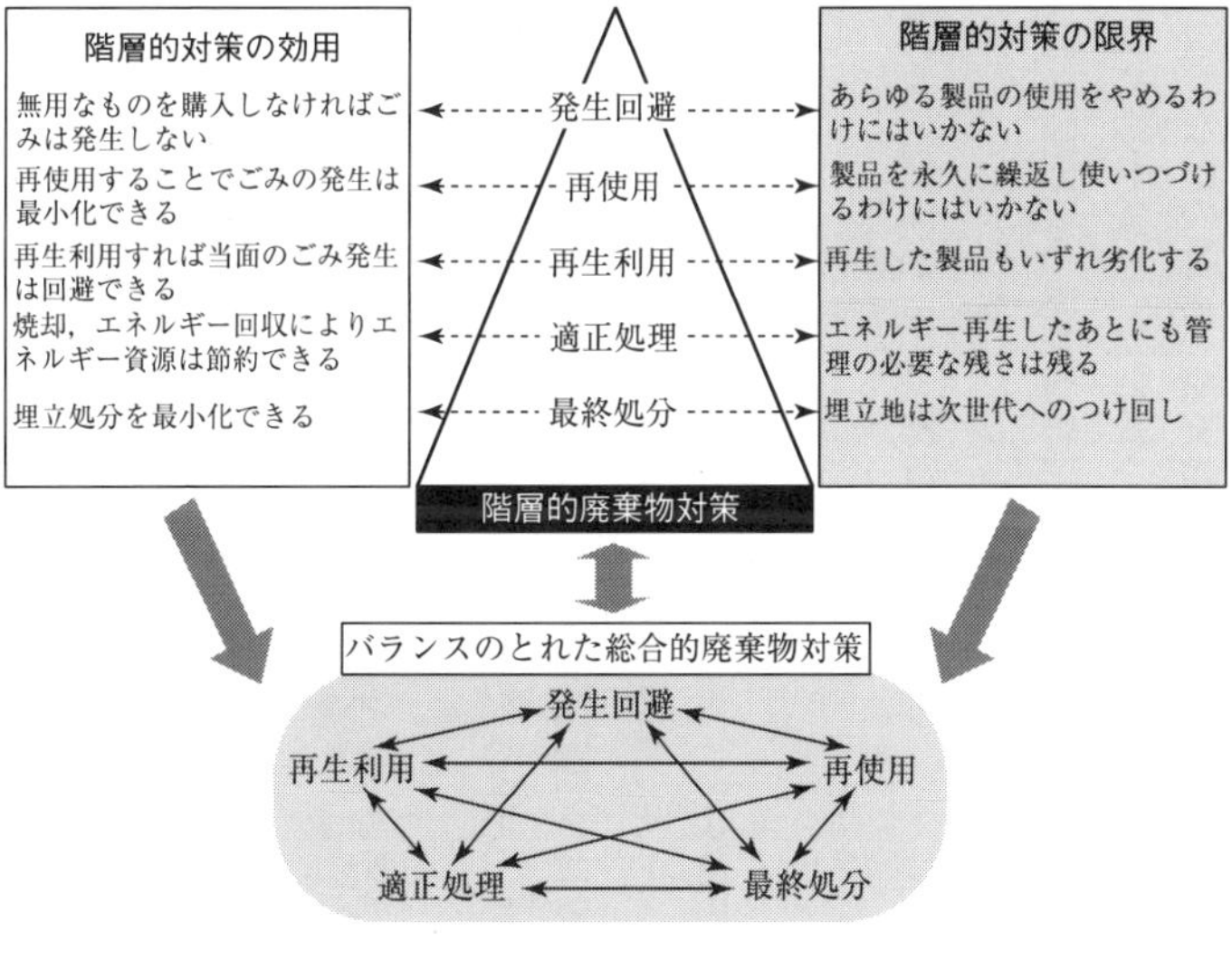

階層的対策の効用
無用なものを購入しなければごみは発生しない
再使用することでごみの発生は最小化できる
再生利用すれば当面のごみ発生は回避できる
焼却，エネルギー回収によりエネルギー資源は節約できる
埋立処分を最小化できる
発生回避
再使用
再生利用
適正処理
最終処分
階層的廃棄物対策
階層的対策の限界
あらゆる製品の使用をやめるわけにはいかない
製品を永久に繰返し使いつづけるわけにはいかない
再生した製品もいずれ劣化する
エネルギー再生したあとにも管理の必要な残さは残る
埋立地は次世代へのつけ回し
バランスのとれた総合的廃棄物対策
発生回避
再生利用
再使用
適正処理
最終処分

図7・2　階層的廃棄物対策の効用と限界

① あらゆる製品の使用をやめるわけにはいかない（発生回避の限界）
② 製品の永久的な再使用を続けるわけにはいかない（再使用の限界）
③ 再生した製品もいずれは劣化する（再生利用の限界）
④ エネルギー利用を行っても残さ対策は必要〔適正処理（エネルギー利用）の限界〕
⑤ 埋立処分、保管管理は次世代へのつけ回し（最終処分の限界）

といったように、物質循環や廃棄物政策としての階層的対策はそれぞれ単独では万全ではないのである。

また、物質循環のシステムを評価するには、そもそもの廃棄容量からコスト、エネルギー、ヒト・生態系の健康、二酸化炭素をはじめとする温室効果ガスの排出量など、さまざまな評価軸を念頭に置かねばならず、評価軸の間であちらを立てればこちらが立たずという関係（トレードオフという）をもたらすことも少なくない。となれば、階層性をよく認識しながらも、各階層の対策にあまり固執することなく、システム全体を統合的に考えることも重要となってくる。

3　おもな製品群のリサイクル制度と廃棄物・化学物質関連制度

図7・3には、今までに決められた物質循環関連の法制度を、廃棄物管理関連制度と化学物質制御関連制度との関係を含めて示した。従来の法制度が決められていった経緯を特徴づけるとすれば、

● 廃棄物減量・リサイクルを制度化し、容器包装などの特定の廃棄物フローに優先的に対処する

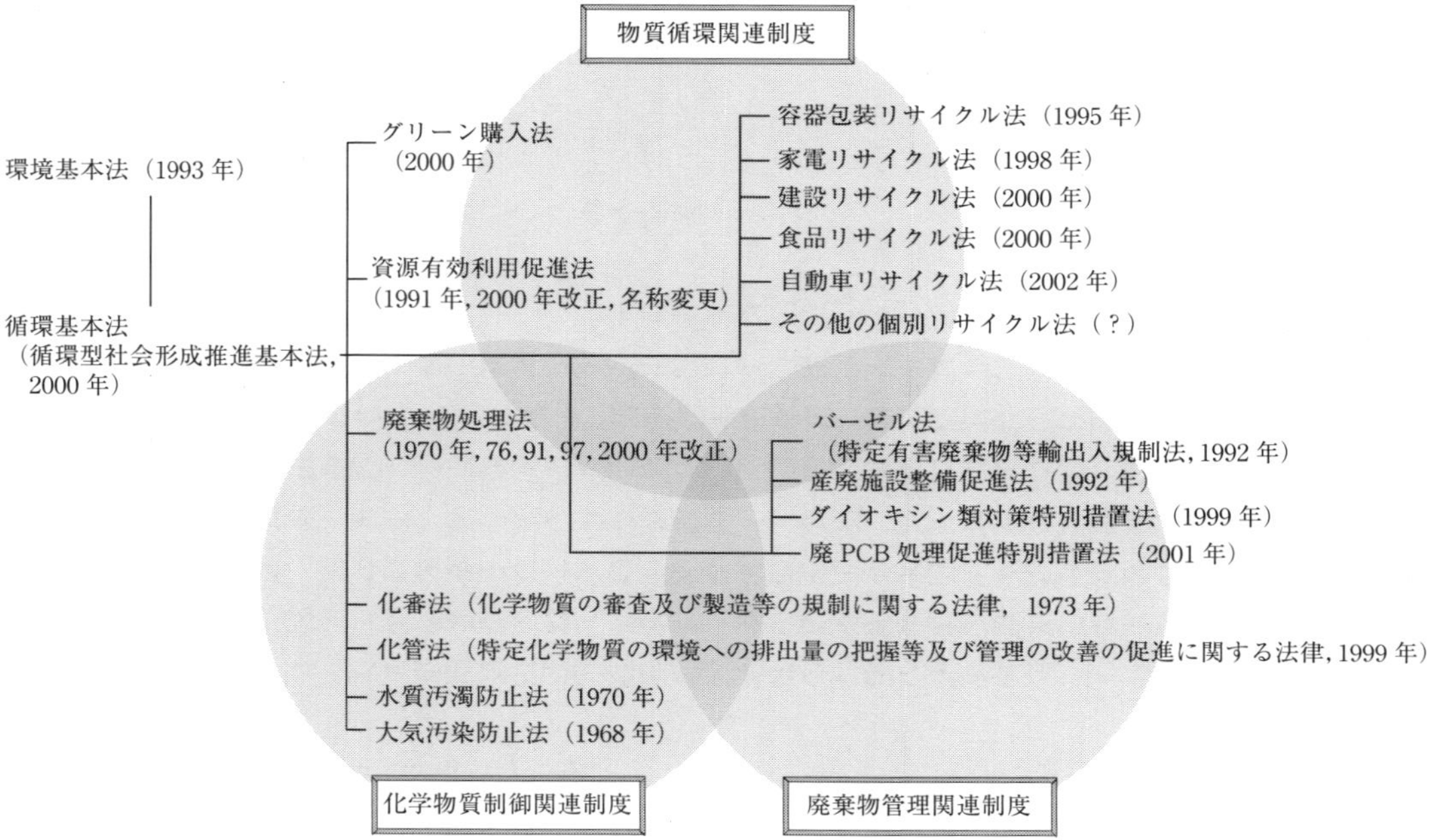
物質循環関連制度
環境基本法（1993 年）
循環基本法
（循環型社会形成推進基本法，
2000 年）
グリーン購入法
（2000 年）
資源有効利用促進法
（1991 年，2000 年改正，名称変更）
容器包装リサイクル法（1995 年）
家電リサイクル法（1998 年）
建設リサイクル法（2000 年）
食品リサイクル法（2000 年）
自動車リサイクル法（2002 年）
その他の個別リサイクル法（？）
廃棄物処理法
（1970 年，76，91，97，2000 年改正）
バーゼル法
（特定有害廃棄物等輸出入規制法，1992 年）
産廃施設整備促進法（1992 年）
ダイオキシン類対策特別措置法（1999 年）
廃 PCB 処理促進特別措置法（2001 年）
化審法（化学物質の審査及び製造等の規制に関する法律，1973 年）
化管法（特定化学物質の環境への排出量の把握等及び管理の改善の促進に関する法律，1999 年）
水質汚濁防止法（1970 年）
大気汚染防止法（1968 年）
化学物質制御関連制度
廃棄物管理関連制度

図7・3　さまざまなリサイクル関連法と廃棄物・化学物質関連法との相互関係

という流れ

● 有害物質の使用や排出を抑制することにより化学物質を社会的に制御し、有害な化学物質に関連する廃棄物を適正に管理する流れ

があげられる。

廃棄物の減量・リサイクルを制度化し、容器包装などの特定の廃棄物フローに優先的に対処するという流れが日本の法制度に登場したのは、一九九一年の改正廃棄物処理法においてである。法の名称は廃棄物処理法でも、法の目的をそれまでの「廃棄物の適正な処理」から「廃棄物の排出抑制と廃棄物の分別、保管、収集、再生、処分等の適正な処理」に変更した。以後の廃棄物対策の原則を「発生回避・再生利用・適正処理」と定めることとなり、二〇〇〇年の「循環型社会形成推進基本法（循環基本法）」の基本精神につながるのである。循環基本法では、循環型社会の形成についての原則を規定し、廃棄物対策の優先順位を発生抑制、再使用、再生利用、適正処理、最終処分とした。また循環型社会形成推進基本計画を二〇〇三年一〇月一日までに決定することとし、国の施策として、

① 廃棄物抑制のための措置
② 循環資源の適正な利用、処分のための措置
③ 再生品の使用の促進
④ 製品等の事前評価促進
⑤ 循環利用、処分に伴う環境保全対策
⑥ 廃棄抑制のための経済的措置

⑦ 必要な調査の実施と研究体制の整備

などを規定するよう求めている。

特定の廃棄物フローに優先的に対処するという考え方は、リサイクル対策への優先性を個々の廃製品群ごとに適用するという性格をもっている。まず容器包装廃棄物に焦点を当てて法律にしたのが、一九九五年制定の容器包装リサイクル法である(3)。容量比で都市ごみの五〇%以上を占めていた容器包装物の減量とリサイクルをめざしている。同法では、地方自治体の廃棄物収集態勢を利用し、加えて消費者と製造事業者の責務をうたっている。つまり、市民は使用済み容器包装の分別、地方行政は分別物の収集の役割を担い、製造事業者が再商品化の義務を負う制度となっている。こうした責任分担システムが、日本の容器包装リサイクル制度の特徴である。

制度ができた時点では有価取引されていたスチール缶、アルミ缶に加えて、ガラスびん、ペットボトルの回収が一九九七年四月から始まった。さらに、二〇〇〇年からは紙類、プラスチック類よりなる容器包装を含めてすべての容器包装をリサイクル対象としている。比較的均質な分別ができ、再使用や素材としての再利用が比較的容易な缶、びん類から、すべての容器包装が対象となったことで、より幅広いリサイクル技術が求められており、熱分解ガス化技術や鉄鋼生産に用いる高炉への吹込み、セメント原料への利用技術など、さまざまな社会的取組みが行われているところである。

容器包装リサイクル法にひき続いて、つぎの廃棄物フローとしての検討対象になったのが、廃家電製品である。一九九八年に家電リサイクル法（特定家庭用機器再商品化法）が成立し、廃家電製品の再商品化を促進するための措置を規定した。対象の家電製品としては、テレビ、洗濯機、冷蔵庫、エアコンの四品目とされ、二〇〇一年に施行された。製造者は廃製品を引取り、リサイクルを実施する責務をもつ一方、リサイクル費用は消費者が四品目を排出するときに負担するよう定められた。

二〇〇〇年には、建設リサイクル法（建設工事にかかわる資材の再資源化等に関する法律）と食品リサイクル法（食品循環資源の再生利用等の促進に関する法律）が定められた。前者は、建設資材廃棄物の分別解体と再資源化等を促進するためのもので、特定建設資材（コンクリート、木材その他の建設資材）を定め、分別解体計画をつくり、解体工事業者を登録する。また後者は、食品循環資源の再生利用の促進のためのもので、肥飼料化をする事業者を登録し、食品関連事業者（製造、流通、外食等）の再生利用を支援する。

そして二〇〇二年には、自動車リサイクル法（使用済自動車の再資源化等に関する法律）が制定された。使用済自動車にかかわる廃棄物の適正な処理と資源の有効な利用の確保のためのもので、フロン類、エアバッグ、シュレッダーダスト（廃車を破砕し、鉄などを回収した後に残る廃棄物）を製造事業者が引取って、リサイクルし、その費用は、新車は販売時、既販車は車検時に所有者が負担することとなった。

4　リサイクルと廃棄物処理の実態

廃棄物の発生量やリサイクル率、処理方法等の動向を統計数値として的確に把握しておくことは、物質循環や廃棄物政策を考察するうえでの基本で、特に最近のリサイクル政策の効果を判断するためにきわめて重要である。また、潜在的なごみをリサイクルさせるには、いかに廃棄物に転換させずに資源循環の流れにのせるかが鍵であり、質の高い分別を確保する社会システムの確立がリサイクル成立の要点である。古紙、アルミ・スチール缶、ガラスびんなどは、製品がほぼ単一の素材で構成されているため、比較的資源循環を図りやすい。その半面、分別物の品質や回収品の需給関係などの社会的変動により循環率が大きく左右されることを忘れてはならない。

アルミ・スチール缶、ガラスびんなどのリサイクルの経緯と現状を眺めよう。金属類のリサイクル率は、図7・4のとおり、二〇〇〇年でスチール缶八四・二％、アルミ缶八〇・六％にのぼる(4)。一九八八年はそれぞれ四〇・七％、四一・七％だったので、この一二年あまりで両金属缶ともリサイクル率をほぼ倍増させていることになる。この背景には、アルミ缶はそもそも再生アルミニウムの生産に必要なエネルギーが新しくアルミニウムを生産するときの約三％であるといったリサイクルイメージが定着し、一方、このアルミニウムとの素材間競争の結果として、スチール缶の回収率が上がっているという側面がある。

つぎにガラスびんのリサイクル利用の状況は、ガラスくず（カレット）のリサイクル率が二〇〇〇年で七七・八％だった。これも一二年あまりで二八％ほど増えている。カレットの利用に加えてガラスびんの再使用の実態は、ビールびんは九九％、一・八リットル酒びん（一升びん）は九〇％（いずれも一九九九年のリサイクル率）ときわめて高い回収率を誇っている。このルートはそもそも製品容器の循環利用系として確立した社会システムを形成し、より一層、再使用びんの普及を促進する誘導が期待される。

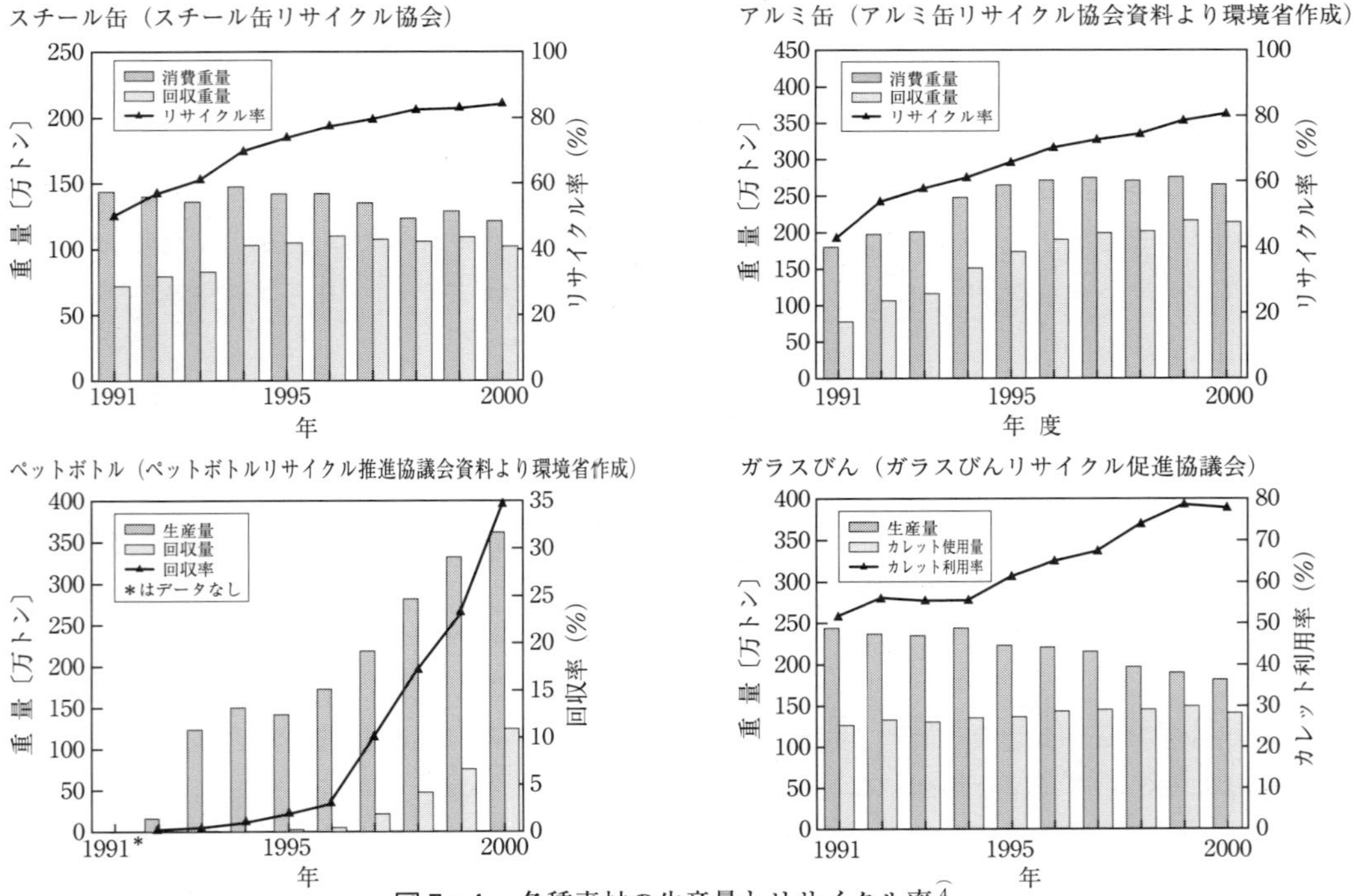

図7・4　各種素材の生産量とリサイクル率[4]

一九九〇年代に飲料容器などの素材として急成長したPET（ポリエチレンテレフタレート）のリサイクルも行われるようになってきた。図7・4のとおり、一九九五年にわずか二・九％だった回収率が、二〇〇〇年には三四・五％に上がった。その用途はおもに繊維製品への再利用だが、ペットボトルからペットボトルへのリサイクルも有望になってきている。一方、PETリサイクルに対する批判の一つに、リサイクル率は上がっているものの、同時に生産量も急増しており、ごみとなるPETの量が減っていないことがある。リサイクル率が増えても、ごみの量が減らないという矛盾を示す重要な例でもある。

つぎに廃棄物の処理方法別の動向を概観するため、一九九九年度の一般廃棄物と産業廃棄物の流れを図7・5に示した。おもに一般家庭から出る一般廃棄物の量は、年間約五〇〇〇万トンにのぼる。この量は一九八〇年代に大きく増加したあと、一九九〇〜九九年はほぼ年間五〇〇〇万トンで推移している。一人一日当たりの廃棄物発生量に換算すると、約一・一キログラムである。不要となったもののリサイクルには、種々の方法やルートがあるが、地域の自治体活動等による集団回収量が年間約二六〇万トン、地方自治体の処理施設における回収量（直接資源化量＋処理後再生利用量）は約四四〇万トンと報告されている。これら二者の回収量を合わせた量の総廃棄物量に対する割合は、一九八七年の四％から一九九九年度に一五％と、四倍近く上昇している。九〇年代にリサイクル関係の法制度の整備が図られたわけであるが、今後の運用のなかで廃棄物発生量の減少が期待される。

図7・5(a)のなかの中間処理四六〇〇万トンの大半は焼却処理で、一九九九年で焼却率は七八％である。焼却率はこの一〇年あまり七三〜七八％でほぼ横ばいである。埋立てなどによる直接最終処分

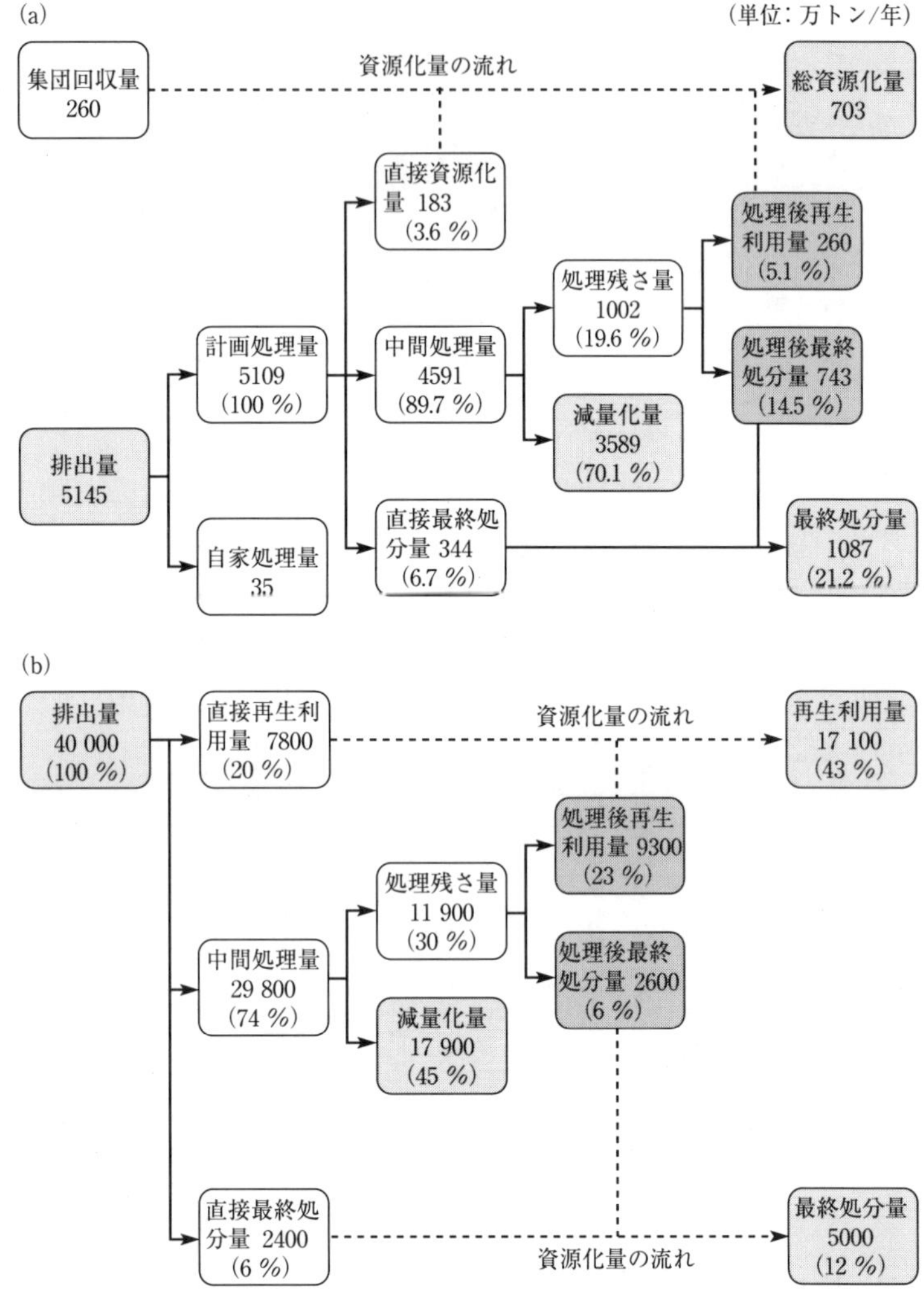

図 7・5 (a) 一般廃棄物と (b) 産業廃棄物の排出量および処理の流れ[4] (1999 年度)

は約七％である。リサイクル率が五％から一五％まで上昇中である一方、直接埋立処分は一九八七年から九九年で二二％から七％と、約一五％減少している。これらの処理処分先となる埋立処分地の総数は全国で二三〇〇箇所あまり、焼却施設数は一八〇〇〜一九〇〇で、この間ほぼ横ばいである。この焼却施設のうち全連続炉は四六〇強であり、他の約一四〇〇施設は日常的に立上げ、立下げを伴うバッチ形式の焼却施設である。発電エネルギー回収を行っている施設は一九九五年で約一五〇施設だった。

産業廃棄物の発生量は一九九九年で約四億トンに達しており、一九八五年に比べて約二五％の増加である。種類別では水分を多く含む汚泥が年間一・八億トンと多く、建設廃棄物約六〇〇〇万トン、廃プラスチック約五〇〇万トンである。図7・5のとおり、産業廃棄物総量に対して、約四三％の一・七億トンがリサイクルされ、最終処分量は約一二％の約五〇〇〇万トンとなっている。

5　ものの循環・廃棄と化学物質対策

ごみの問題を考えるとき、ごみ焼却時に発生するダイオキシン類をはじめ、化学物質との関係はきわめて深い。化学物質を制御する技術のあり方には、ごみ対策の原則――発生回避、再使用、再生利用、適正処理、最終処分――と同様に、「クリーン・サイクル・コントロール」の考え方が重要である。[5] 有害性のある化学物質の使用は回避（クリーン）し、適切な代替物質がなく、使用の効用に期待しなければならないときは循環（サイクル）を原則とし、環境との接点における排出をできるだけ抑制し、過去の使用に伴う廃棄物は極力分解、安定化するという制御概念（コントロール）で対処する考え方である。環境保全を前提とした化学物質循環の原則といってよいであろう。

今後の環境対策やリサイクル・ごみ対策を考えるとき、環境残留性の化学物質は重要な問題である。なかでも、残留性有機汚染物質（ＰＯＰｓ）は世界的にも注目されている[6]（３章参照）。ＰＯＰｓは環境に長く残留し、生物に濃縮する傾向があり、そして人や生物に悪影響のある有機物質で、二〇〇一年に採択したストックホルム条約で規制されることとなった。

ＰＯＰｓは、一部は自然に発生するものの、多くは人為的に発生する。この人為発生源を大きく分類すると、①産業用途、疾病対策、農業用途など商業的に意図的に生産されたものと、②化学反応過程や燃焼反応過程で非意図

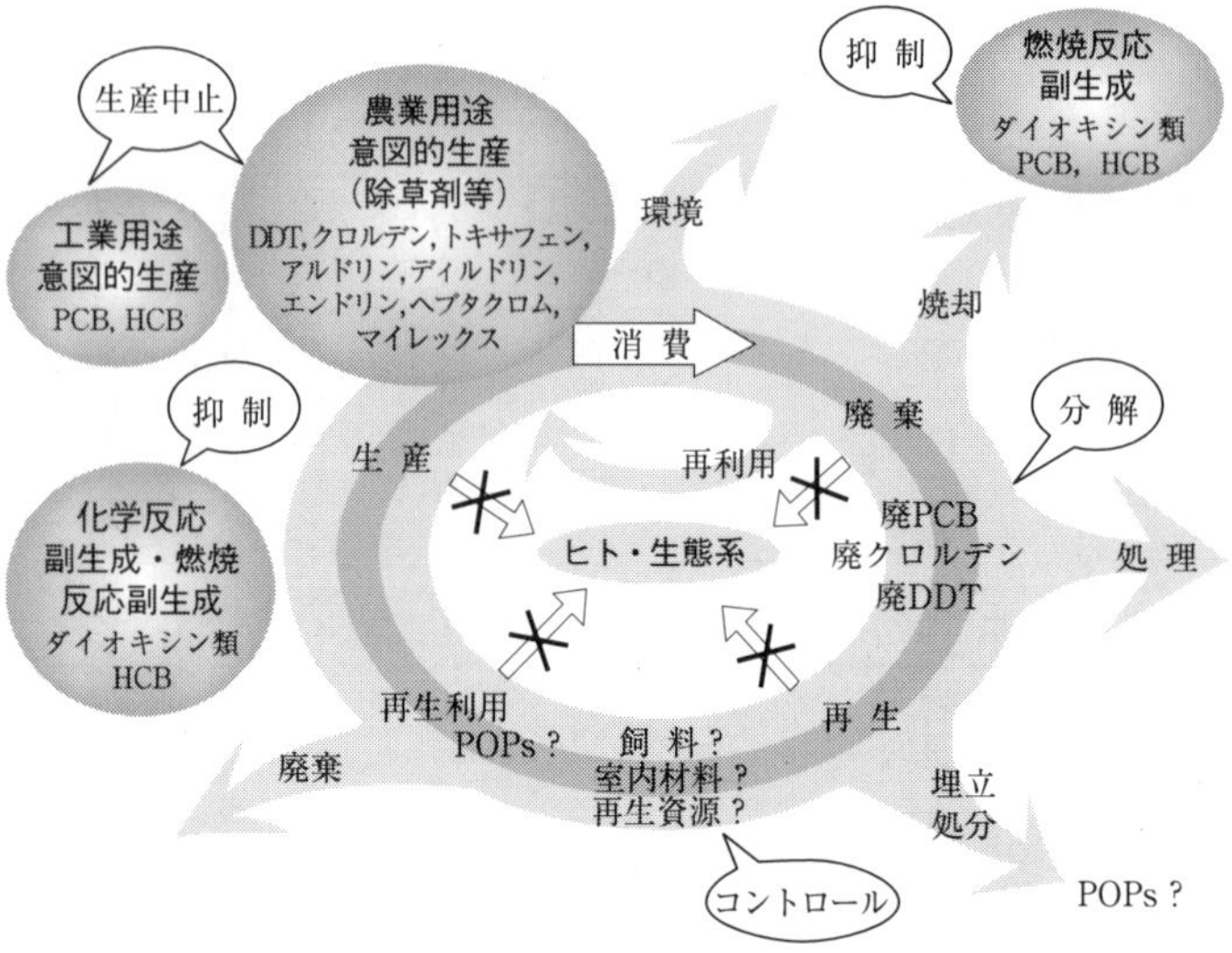

図７・６　製品のライフサイクルと残留性有機汚染物質問題

的に副生成するものに分けられる。①の産業用途の代表例には、変圧器や蓄電器の絶縁油などに使用されたPCB、溶剤などの中間体としてのヘキサクロロベンゼン（HCB）がある。農業用途にはDDT、アルドリン、ディルドリン、エンドリンなどの殺虫剤、除草剤があり、DDTがマラリア対策といった伝染病予防のために用いられることもある。これらの用途からの環境への進入には、殺虫剤等の農用地への直接散布によるものや、事故時における化学物質の漏出によるもの、廃製品の投棄によるものなどがある。②の非意図的副生成物の代表例には、ダイオキシン類があり、除草剤などの化学物質生産に伴う副生成と、廃棄物や金属精錬工程などの燃焼反応過程の副生成などにより環境への進入が起こっている。

製品の生産、消費、廃棄、再生、再生利用といったライフサイクルのどのような過程で、どのようなPOPsが問題となるのかを考える必要がある。この視点で図7・6に製品のライフサイクルとPOPs問題の関係を整理した。

第一に生産段階の意図的生成物として、工業用途にはPCB、HCBがあり、農業用途にはDDTをはじめ除草剤などに用いられてきた物質がある。これらの物質を開発、使用してきたときは、毒性や環境残留性の問題に気づくことなく、後になってその悪影響を知ることになったわけである。使途が明らかで回収可能な場合や、環境に漏れ出すことのない機器での使用が続いている場合は、今後回収して分解することが原則となろう。また、こうした生成物を農薬などの用途で使用してきた場合などは回収しにくいが、少なくとも影響の程度を検討し、分解を進める方策を研究していく必要があろう。

第二に生産段階での非意図的副生成物として、ダイオキシン類やＨＣＢがある。ダイオキシン類は除草剤や化学製造工程における化学反応副生成と金属精錬工程における燃焼反応副生成が、おもな生成経路である。ＨＣＢはテトラクロロエチレンなどの溶剤を製造するときの残さに含まれる場合や除草剤不純物として含まれることがある。

第三には廃棄段階の副生成物で、特に問題とされてきたのが、焼却処理過程のダイオキシン類である。ＰＣＢやＨＣＢも燃焼反応副生成のあることがわかっており、ダイオキシン類と同様に制御される必要がある。

そして最後に、これらの過程から発生した廃棄物を分解処理することが求められる。

特に第一の意図的生産物で回収、保管されている廃ＰＣＢやクロルデン、廃農薬などが当面の分解処理の対象となる。さらに、循環型社会形成との関係において、最も留意すべきことは再生利用に伴うＰＯＰｓの移行をいかに抑えるかであり、飼料や農用地への利用、再生資源の室内材料への利用、屋外においては児童への暴露や地下水への移行は特に気をつけなければならない。

循環型社会システムを構築していくときは、「循環型社会形成」と「化学物質コントロール」の同時達成をめざさねばならない。「二兎を追うものは一兎をも得ず」ということわざがあるが、「循環型社会形成」と「化学物質コントロール」の二兎を追わないかぎり、地球系と生命系の持続性はないと考えてよかろう。「資源・エネルギーの枯渇問題」、「廃棄物の不法投棄問題」、「温暖化ガスによる気候変動」など地球系の持続性についての課題への対処方策として「循環型社会形成」が、「水銀による人体被害」、「ダイオキシン問題」、「内分泌撹乱化学物質問題」など生命系の持続性についての懸念を避ける方策として「化学物質コントロール」が必要となるのである。

参考文献

（1）『環境白書（平成14年版）』環境省編、ぎょうせい、二〇〇二年。
（2）A. Adriaanse, S. Bringezu, A. Hammond, Y. Moriguchi, E. Rodenburg, D. Rogich, H. Schutz, "Resource flows: The material basis of industrial economies", World Resource Institute (1997).
（3）高月 紘「容器・包装材と家庭ごみに関する研究」環境技術、一二巻七号、四二五-四三一、一九八三年。
（4）「平成十三年度 循環型社会の形成の状況に関する年次報告」環境省、二〇〇二年。
（5）酒井伸一著、『ゴミと化学物質（岩波新書五六二）』、岩波書店、一九九八年。
（6）酒井伸一、森 千里、植田和弘、大塚 直著、『循環型社会──科学と政策（有斐閣アルマ）』有斐閣、二〇〇〇年。

8章 経済活動と環境保全

1　消費活動と環境汚染

現在、私たちは、地球温暖化、オゾン層の破壊、酸性雨、砂漠化、森林の減少、大気汚染、水質汚濁、廃棄物問題、内分泌撹乱化学物質など多くの環境問題に直面している。このような環境汚染をひき起こす原因はだれにあるのだろうか。

汚染物質の多くは企業の生産活動から排出される。しかし、だからといって、企業を悪者にするのは的を射ていない。どんな人でも必ず、直接的あるいは間接的に環境汚染とかかわっているからである。

たとえば、私たちが電気を使うと、その使用量に応じて石炭や石油、天然ガスが燃やされ、発電所から地球温暖化の原因となる二酸化炭素や酸性雨の原因となる硫黄酸化物、窒素酸化物が大気中に排出される。また、水田や、肉を生産するために飼われる家畜からは、温暖化の原因となるメタンが排出される。

家で食事をすると、料理をつくる際にさまざまな生ごみが発生する。外食をすると、家でごみは発生しないが、レストランの厨房で、注文した料理がつくられる過程を通してさまざまな生ごみが発生している。自宅で食事をしようと、外食しようと、直接的に自分たちがごみを発生させるか、間接的に発生させるかの違いがあるだけで、私たちの食生活がごみ発生の要因となっていることに違いはない。

家を新築したり、新築のマンションを購入する場合はどうだろうか。家やマンションを建設する過程で、建設廃材やさまざまな産業廃棄物が発生する。それを直接排出している企業関係者でないかぎり、多くの人は、自分は産業廃棄物の排出にかかわっていないと考えるかもしれない。しかし、家やマンションは私たちの欲求を満たすために建設されたものであるから、これらの廃棄物が発生する根本の原因は私たち消費者のニーズにある。

また、建設廃材など産業廃棄物の不法投棄が大きな問題となっている。不法投棄によって利益を受けるのはだれであろうか。不法投棄をした人自体が利益を受けるのは当然だが、それだけではない。実は、建設廃材などの産業廃棄物の排出者である建設業者や、家やマンションを購入したり、その建設を依頼した私たちも、間接的にその利益を受けている。その理由はつぎの通りである。不法投棄は産業廃棄物の処理費用が高いために、その費用負担を避けようとして行われる。この結果、不法投棄を行う産業廃棄物処理業者は、それが適正に処理された場合と比較して低い費用で、産業廃棄物の排出者からの委託を受けることができる。したがって、不法投棄によって生じる産業廃棄物処理費用の低下によって、産業廃棄物の排出者も利益を受ける。また、家やマンションを購入する私たちも廃棄物処理費用を含む家やマンションの建築費用が低くなるため、間接的に不法投棄の利益を受けることになるのである。

私たちの消費活動の背後では、それを支えるためにさまざまな経済活動が営まれ、それに伴ってさまざまな汚染物質が排出されたり、違法行為が行われることにより、環境が汚染されていく。

汚染物質を直接排出する主体は、多くの場合生産者である。しかし、製品・サービス（経済学では、財・サービスという。以下では、簡単に財とよぶことにする）の生産が、消費に対応していることを考えると、私たちの消費が環境汚染の大きな要因となっていることがわかる。私たちは環境汚染による被害者であると同時に、間接的な汚染者なのである。

2　環境問題を解決するかぎは技術開発か？

環境問題を解決するために最も重要なことは、汚染物質を除去、低減させる技術の開発であると考える人は多い。しかし、それだけで十分だろうか。

確かに、太陽エネルギー利用技術の開発、電気自動車、汚染物質除去装置やリサイクル技術の開発など、環境保全型技術の開発は環境負荷の低減に大きく貢献する可能性がある。しかし、技術が開発され、それらの技術の利用が環境にとって望ましいとわかっていても、その技術を利用する費用が大きな障害となると技術の導入は十分に進まない。また、大きな費用がかかるために、それらの技術を利用した製品の価格が高くなって、あまり普及しないと予想されれば、そのような技術を開発する動機（インセンティブ）は弱くなる。その結果、環境を改善する技術開発投資は不十分なものになってしまう。

たとえば、太陽パネルを利用することにより電力消費量を抑制できれば、発電に伴って発生する二酸化炭素、窒素酸化物などさまざまな汚染物質の発生量を削減できる。しかし、太陽パネルを設置することによって節約できる光熱費を、太陽パネル設置コストが大きく上回るようであれば、太陽パネルを設置するインセンティブは大きく弱められる。その結果、太陽パネルの普及は社会的に望ましい水準を大きく下回ってしまう。

このように、社会的に望ましい技術が存在していても、また、技術開発が社会的に望ましいとわかっていても、それらが実際には導入されなかったり、技術開発投資が十分に実施されないならば、環境負荷の低減には結びつかない。

3　市場は万能か？——市場メカニズムの効率的な資源配分機能——

私たちは市場経済の中で自由な市場取引に基づいて消費活動や生産活動を行っている。このように自由な市場取引、言い換えると、市場メカニズム（あるいは、価格メカニズム）を利用した取引は、社会全体の利益とどのようにかかわっているのだろうか。

競争的な市場では、市場取引の結果、財の生産・消費や原材料の利用は社会の利益が最大になるように決定される。これを市場メカニズムの効率的な資源配分機能とよぶ。これを需要側と供給側に分けて説明しよう。

通常、価格は需要と供給の関係で決まる。このとき、価格と比較して、財の消費によってより大きな効用（満足度）を得ることができる人や、生産のためにそれを原材料として投入することによって大きな利益を得ることができる企業（つまり、生産性の高い企業）は、これらの財をより多く購入するだろう。逆に、その財の消費や投入によって、支払う価格ほどの効用や利益を得ることができない人や企業は、価格が低くならないかぎり、そのような財を購入しようとしないだろう（コラム参照）。このようにして、価格は財の消費や投入によって大きな効用や利益を得ることができる人や企業に、より多くの財、すなわち資源を配分する機能をもっている。これは需要側からみた市場メカニズムの効率的な資源配分機能であり、有限で希少な資源によって、より大きな社会全体の利益（消費の効用や生産の利益）を生み出すための重要な機能である。

一方、価格と比較して、財を供給（生産）することによってより大きな利益を得ることのできる企業（つまり、生産の高い企業）は、これらの財をより多く生産するだろう。逆に、生産性の低い

公平性と市場メカニズムの修正

所得が高いために，効用はそれほど高くなくても高い価格で支払って需要する人がいる一方で，所得が低いために，高い効用をもっていても高い価格を支払って購入することができない人が存在する．所得の格差があまりに大きい場合には，公平性の観点からは，市場メカニズムによる資源配分は社会にとって最善であるとは限らない．このような場合には，所得税制や社会保障制度を使って所得格差を縮小させることにより，市場メカニズムを修正することで，市場メカニズムのもつ効率的な資源配分機能を生かすことができる．

企業は、市場競争に敗れ、市場から撤退する。この結果、競争的な市場においては、生産性の高い企業だけが市場に残って生産する。また、企業は競争に勝つために、普段から研究開発や設備投資を行い、できるだけ費用を低める努力をし、消費者ニーズの大きな財を生産しようとする。このように、企業間の競争によって、社会全体でより低い費用でより多くの生産が可能になり、社会全体の利益は大きくなる。これは供給側からみた市場メカニズムの効率的な資源配分機能である。

このように、競争的な市場においては、市場メカニズム（価格メカニズム）は社会的利益を大きくし、効率的な資源の配分（財の生産・消費量、生産要素の投入量）を達成する機能を果たしている。しかし、ここで注意しなければならないのは、環境問題のように外部費用が生じる場合には、このような市場の望ましい機能が損なわれ、市場の資源配分機能に障害が生じるという点である。

4　環境が悪化するのはなぜか？——外部費用と市場の失敗——

外部費用が存在しなければ、市場メカニズムは社会の利益を最大にする機能を果たす。しかし、外部費用が存在する場合には、市場メカニズムに任せておいたのでは環境を守ることはできず、社会的利益も最大化されない。そこで、つぎに外部費用とは何かを説明しよう。

企業や消費者が生産・消費に伴って排出する汚染物質によって、当該の財を市場で取引する企業や消費者以外の人（将来世代も含む）に、健康被害に起因する医療費などの金銭的費用だけでなく、精神的な苦痛やストレスなど精神的被害が生じることがある。当該の財を市場で取引する当事者以外の人が被るこのような金銭的・精神的被害を外部費用とよぶ。企業は、裁判によって損害賠償や慰謝料を請求されるという例外的な場合を除き、生産に伴って発生した外部費用を負担しない。同様に、消費者も自分の消費活動によって生じる外部費用（たとえば、車に乗ることによって生じる排ガスの汚染によって他人が被る被害）を負担しない。

この場合、市場メカニズムに任せておいたのでは、社会的利益を最大にするような資源配分は達成されない。このことを市場が資源配分に失敗するとか、単に「市場の失敗」という。消費者や企業が自分の消費や生産活動によって生じる汚染物質を自由に環境中に排出し、外部費用を負担しなくてもすむこと（言い換えると、無料で環境という資源を利用できること）が環境汚染が深刻化する、すなわち、市場の失敗の原因である。

以下では、大気への汚染物質の排出を例に、市場の失敗について考えてみよう。

企業が生産（工場での燃料の燃焼）によって発生した硫黄酸化物、窒素酸化物や二酸化炭素などの汚染物質を大気中に排出する場合を考えよう。大気は排ガスを無害化するという汚染物質の浄化機能を備えている。大気については、土地のように所有権が設定されていないため、だれでも自由に大気を利用すること（ここでは、大気中に汚染物質を排出すること）ができる。このため、企業は排ガスを無料で大気中に排出する。これは大気の浄化サービスをただで使っていることを意味する。

生産活動によって生じた汚染物質を環境中に排出しても、その量が多くなければ、大気の浄化能力によって環境が悪化することなく、汚染物質は分解される。しかし、大気中に汚染物質を無料で自由に排出できるかぎり、企業による大気の利用に歯止めをかけることはできない。そのため、経済活動の規模が大きくなると、大気の浄化能力を超えて排ガスが大気中に排出されるようになる。大気の浄化能力と比較して、大気という環境資源が過度に利用される、すなわち、大気中に排出される汚染物質の量が多すぎれば、大気による浄化能力は劣化していく。大気の浄化能力が低下すれば、大気が汚染されて、人に健康被害が発生したり、酸性雨などを通して森林や農作物に被害が生じたり、湖などが酸性化することによって魚が死滅したりする。

排ガスによって空気を汚染することは、失われた森林資源、農作物、魚などの生物資源の価値や健康被害による医療費（精神的な苦痛に対する慰謝料も含む）などの外部費用を発生させる。しかし、企業がこれらの外部費用を負担することなく、大気という環境を無料で使いつづけることができるならば、いつまでたっても企業は排ガスに含まれる汚染物質の排出量を減らそうとしないだろう。このようにして、環境汚染は深刻化していく。

外部費用を負担させる

ここで、もし企業がみずからの排ガスによって生じる外部費用をすべて負担しなければならないとしたら、どうなるだろうか。企業は排ガスに含まれる汚染物質の除去装置を自発的に設置したり、質の良い燃料（低硫黄の燃料など）を使用するなどして排ガス中に含まれる汚染物質の量を減らしたり、省エネの促進により燃料消費量を削減して、排ガスの発生量を減らそうとするだろう。なぜなら、環境改善によって企業の外部費用負担が減少するからである。また、将来の外部費用を削減するために、汚染物質除去や省エネのための技術開発を促進するであろう。このとき汚染による被害が大きいほど外部費用が大きくなるので、企業が汚染物質除去装置を設置したり、燃料消費量を減らしたり、技術を開発したりするインセンティブは大きくなる。その理由はつぎの通りである。

企業は、技術開発を促進するためには、技術開発費などの費用を負担しなければならない。しかし、技術開発をしない場合に発生する外部費用の負担が大きいほど、技術開発をした方が技術開発費と外部費用も含めた総費用が小さくなる。そのため、企業は外部費用を負担しなければならない場合には、外部費用が大きいほど、自発的により多くの汚染物質を削減しようとする。そうすることが自分の費用負担を減らすことになるからである。

さらに、企業が外部費用を負担することは、消費や生産にも影響を及ぼす。なぜなら、外部費用の負担によって生じる生産費用の増加を反映して、財の価格も上昇するため、財の需要が減少し、それに応じて生産量も減少するからである。この結果、過剰な消費・生産が抑制され、汚染物質の排出量は減少する。

このことからわかるように、外部費用を負担しなければならなくなると、人々や企業はみずからの利益のために、自発的に環境保全的な行動をとるようになるとともに、過剰な消費・生産も抑制され、環境は改善する。逆に、外部費用を負担しないことが、環境汚染を深刻化させる根本的な原因である。

一方、市場メカニズムの中には、人々や企業に外部費用を負担させる機能はない。人々や企業は環境という資源を無料で使えるからである。人々や企業に外部費用を負担させるためには、政府が外部費用に相当する分の環境税を人々や企業に課すことによって、市場メカニズムの欠陥を修正する必要がある。それによって、市場メカニズムは外部費用が存在しなかったときと同様に、社会の利益を最大にするという資源配分機能を回復することができる。

望ましくない汚染物質の排出量ゼロ

企業が外部費用を負担しても、一般的には汚染物質の排出量はゼロにはならない。私たちは、社会の利益を最大にするために排出量をゼロにすべきであろうか。

一九六〇〜七〇年代に日本が経験した公害問題のように、汚染物質が人間の生命や健康に重大な危機を及ぼす場合には、そのような汚染物質の排出量をゼロにする必要がある。しかし、そのような危機的状況でなければ、汚染物質の排出量をゼロにすることは社会的に望ましくない。

これは、たとえば交通から排出される汚染物質の排出量をゼロにするためには、自転車以外の交通機関の利用をあきらめなければならなくなる場合を考えれば明らかであろう。この場合、物流は止まるため、国民所得は大きく減少し、その結果、私たちの生活水準は大きく低下し、医薬品や食物、燃料が十分に手に入らなくなるなど、健康的な生活を送れなくなる可能性がある。また、病人が発生しても車を使えなければ、安静にした状態で、急いで病院に連れて行くこともできない。このようにして、技術的に汚染物質の排出量をゼロにできなければ、生産を中止したり、財の利用を禁止したりしなければならなくなる。また、「排出量ゼロ」が技術的に可能であっても、そのための費用が莫大なものになれば、財の価格が非常に高くなってしまうため、その財の消費をあきらめなければならなくなる。以上からわかるように、汚染物質の排出量をゼロにしようとすれば、市場自体が消滅し、財の消費から得られる利益が失われる。したがって、生産や消費の利益が汚染物質の排出量をゼロにすることによって得られる環境保全の利益を上回るかぎりは、汚染物質の排出量をゼロにすることは社会的に望ましくない。つまり、甚大な被害が発生しない程度であれば、ある程度の汚染物質の排出量を許容することは社会的にも望ましい。

「江戸時代のライフスタイルはとても環境に良かった。したがって、環境を良くするためには、江戸時代のような社会システムに戻る必要がある」とか、「汚染はゼロにしなければならない」ということを主張する環境保護派や、そのことを信じる人は少なくない。しかし、そのような人たちは、汚染をゼロにすることによって社会に生じる不利益の大きさをまったく考慮していない。

「外部費用を完全に負担させるが、その結果ある程度の汚染物質の排出が生じてもそれを許容する」ということの意義は、環境保全による利益だけでなく、生産や消費活動から得られる利益を加えた社会全体の利益を最大にするように社会全体を誘導することにあるのである。

5　環境倫理・環境教育とその実効性

環境問題の深刻化に伴い、技術開発による環境問題の解決ではなく、私たちのライフスタイルを低環境負荷型なものに変えていくことの必要性が盛んに議論されるようになってきた。それに伴って、環境を保全することによって生じる将来世代や社会の利益を優先させることの重要さを教育することにより、人々のライフスタイルや企業行動を環境保全型に変えていくことの必要性を主張し、環境倫理や環境教育の重要性を唱える人が多くなってきた。

たとえば「環境教育」によって、自分たちがどのように環境を破壊しているかを知ってもらい、「地球にやさしい行動」をとるように訴えるのである。具体的には、「むやみにごみを捨てると、将来、ごみの捨て場がなくなってしまう」ことを示し、だから「ごみをできるだけ出さないようにしましょう」とか、「ものは大切に使いましょう」といったことを訴える。

これらの議論や方法の問題点は、具体的で実効性のある対策（たとえば、具体的な教育プログラムなど）を提言するものが少なく、リサイクルの必要性やエネルギー消費節約の必要性を唱えるというように、人々の良心やモラルに訴えるだけのものが多いという点にある。

環境負荷を低減させようとすると、さまざまな不便や費用が生じる。このため、環境保全的に行動することが現在の世代や将来の世代にとって重要なことであるとわかっていても、それによる不便さの度合いや費用負担の程度が大きくなればなるほど、環境保全的な行動をとる人や企業の割合は低下する。

また、環境保全的行動をとることによって生じる環境保全の利益は、自分だけでなく、他の人にも及び、逆に、他者の環境保全行動によって生じる利益は、その本人だけでなく自分にも及ぶ。このため、自分が便利さを犠牲にしたり費用をかけることによって環境保全行動をとるよりも、むしろ、他者の環境保全行動にただ乗りしようとする誘因が存在する。

さらに、教育によって人々の考え方や価値観を環境保全型に変えていくには、長い時間がかかる。また、一部の良心的な人々や企業の行動を変えることはできたとしても、すべての人々と企業の行動を変えることはほとんど不可能である。環境問題が現在のように深刻化してきたことの要因の一つは、たとえ自分に不利益が生じても、良い環境をつくるために積極的に行動する人や企業が少なかったからではないだろうか。そうだとすると、環境倫理に訴えることによって、もともと環境に対して関心の深い人の行動を変えることはある程度可能であっても、そうでない大多数の人の行動を変えることは容易ではない。

環境教育などによって、一部の人や一部の企業は「地球にやさしい行動」をとるかもしれない。しかし、環境問題は一部の人や一部の企業が「地球にやさしい行動」をとっただけでは解決できるような問題ではない。「地球にやさしい行動」をとらない人々や企業が好きなだけ環境を汚染しつづけることができるかぎり、環境保全効果は低下し、環境問題は解決されない。

ただし、以上のことは環境倫理や環境教育の必要性を否定するものではない。それらは人々が環境の重要性を認識し、環境税などの導入の必要性を理解し、それを受け入れる土壌をつくるうえで重要な役割を果たす。しかし、具体的な教育プログラムを開発するなど例外的な場合を除いて、ただ人々の良心やモラルに訴えかけるだけの方法は、環境問題の早期解決のためにはあまり役に立たず、その環境保全効果はきわめて小さいことを認識する必要がある。

6　環境問題の解決策――規制的手段か経済的手段か？――

それでは、環境問題を解決するためにはどのような対策をとればよいだろうか。対策はつぎの二つに大別される。

第一の解決策は、市場メカニズムを利用して環境問題を解決しようとするアプローチ、すなわち、経済的手段を使う方法である。経済的手段には、環境税、汚染物質削減技術などに対する補助金、排出量取引制度などがあり、汚染物質の排出削減に対して経済的なインセンティブを与えることによって、間接的に環境負荷をコントロールしようとするものである。これまで述べたように、市場メカニズムを利用するといっても、外部費用が存在する場合には、自由な市場それ自体には環境を改善するようなメカニズムは存在しない。このため、何らかの修正を市場メカニズムに加えることによって、環境問題を解決するのが経済的手段の役割である。たとえば、環境税を導入する場合、環境汚染（あるいは外部費用）の大きさの程度に応じて、環境汚染の原因者に税を課せばよい。二酸化炭素を例にとると、燃料の消費には必ず一定量の二酸化炭素が排出されるので、燃料消費一リットル当たり排出される二酸化炭素に応じて一定額の環境税（二酸化炭素排出量に応じて課されるので炭素税とよばれる）を課せばよい。この結果燃料価格は炭素税分だけ高くなるため、燃料消費量が減少し、二酸化炭素排出量が削減される。

第二の解決策は、規制的手段によるものである。これは、たとえば、工場での生産活動に伴って生じる騒音、排ガス（硫黄酸化物や窒素酸化物など）、排水などに対して、騒音基準や、排ガス・排水に関する濃度基準および許容される総量を設定して、その基準を満たすように規制する方法である。これらの規制は、騒音や汚染物質などの量を直接コントロールすることによって環境負荷を低減しようとするものである。

これまで、日本をはじめとするＯＥＣＤ（経済協力開発機構）諸国では、規制的手段が環境政策の中心を占めていた。しかし、地球環境問題の出現をきっかけに、規制的手段ではなく、環境税などの経済的手段を使った環境政策の必要性が認識されるようになってきた。なぜ規制的手段より経済的手段の方が望ましいのだろうか。以下では、この点について、自動車からの二酸化炭素排出量の抑制を例に説明しよう。

今、社会には十年間に五万キロメートル（以下、キロと略す）走行する人、十万キロ走行する人、十五万キロ走行する人の三人だけ存在し、この三人が車の購入を計画している場合を考えよう。三人が購入できる車は燃費（燃料一リットル当たりの走行キロ数）一〇キロと二〇キロのガソリン車と燃費三〇キロのハイブリッド車の三種類だけである。ただしこの三つの車は、燃費を除くと排気量、室内容積など車の仕様はまったく同じであるとする。

表8・1は、ガソリン価格が一リットル当たり九〇円のときと、これに、一リットル当たり三〇円の炭素税を課したとき（ガソリン価格は一二〇円）について、それぞれの人が、三種類の車を購入した場合の費用負担（車体価格と燃料費用）を示している。

表からわかるように、ガソリン価格が九〇円のとき、走行距離が五万キロと十万キロの人は、燃費一〇キロのガソリン車を購入するだろう。なぜならば、そうすることによって、車の購入費用と燃料費用の合計を最も低くできるからである。これに対して、走行距離が十五万キロの人は燃費二〇キロのガソリン車を購入するだろう。この結果、五万キロの人の十年間のガソリン消費量は、五千リットル、十万キロの人の消費量は一万リットル、十五万キロの人の消費量は七五〇〇リットルとなるため、ガソリン消費量の合計は二万二五〇〇リットルになる。

表8・1　炭素税を課したときと課さないときの10年間の費用負担

車種[†]	車体価格〔万円〕	各走行距離における10年間の燃料費〔万円〕					
		ガソリン価格90円/L			ガソリン価格120円/L[††]		
		5万km	10万km	15万km	5万km	10万km	15万km
A	200	45	90	135	60	120	180
B	250	22.5	45	67.5	30	60	90
C	275	15	30	45	20	40	60

† Aは燃費10km/Lのガソリン車，Bは燃費20km/Lのガソリン車，Cは燃費30km/Lのハイブリッド車．

†† 炭素税30円/Lを含む．

つぎに、二酸化炭素排出を抑制するために、ガソリン一リットル当たり三〇円だけ炭素税をかけたとすると、ガソリン価格は一リットル当たり一二〇円に上がる。この結果、走行距離が五万キロの人は依然として燃費一〇キロのガソリン車を購入するが、十万キロの人と十五万キロの人は、それぞれ燃費二〇キロのガソリン車および燃費三〇キロのハイブリッド車を購入するであろう。このように炭素税を導入すると、走行距離の長い人（したがって、多くの二酸化炭素を排出する人）ほど、車体価格が高くても、より燃費の良い車を購入するようになる。この結果、十年間のガソリン消費量は三人とも五〇〇〇リットルとなるため、ガソリン消費量の合計が一万五〇〇〇リットルに減る。このとき、五万キロの人の費用負担総額（車体価格＋燃料費用）は、二六〇万円であり、十万キロの人と十五万キロの人の費用負担総額はそれぞれ三一〇万円および三三五万円である。

一方、炭素税の代わりに燃費規制を実施するとどうなるだろうか。今、一リットル当たり二〇キロ以上の燃費を義務づけられたとしよう。このとき、規制の結果、一〇キロの燃費の車を選択することができない。したがって、三人とも二〇キロの車を購入するであろう。この結果、三人の燃料消費量はそれぞれ二万五〇〇〇リットル、五万リットル、七万五〇〇〇リットルとなり、炭素税の場合と同じようにガソリン消費量の合計は一万五〇〇〇リットルに減少する。しかし、費用負担総額は、それぞれ二七五万円、二九五万円、三一七・五万円となる。

炭素税の場合と比較すると、燃費規制を実施することによって五万キロの人の費用負担は増え、十万キロと十五万キロの人の費用負担は減る。本来ならば、二酸化炭素排出量に応じた外部費用を負担させることによって、走行距離の長い人（すなわち、環境負荷の大きい人）に、より燃費の良い車を選択するインセンティブを与え、燃料消費量をより多く減らすことが望ましい。しかし、規制的手段を導入すると、総量で炭素税と同じだけ二酸化炭素を削減できたとしても、走行距離の短い人（すなわち、環境負荷の小さい人）の費用負担が増加し、その人の燃料消費量がより多く減少する一方で、走行距離の長く環境負荷の大きい人の費用負担が減少し、その人の燃料消費量の減少量が少ないという状況が生じる。すなわち、同じ削減目標を達成できたとしても、環境負荷の小さい人の燃料削減量を過大にし、環境負荷の大きい人の燃料削減量を過小にしてしまう。

さらに炭素税の導入は、燃費規制と比較して、走行距離当たりの炭素排出量の少ない、より燃費の良い車に対する需要を高める効果を発揮する。その結果、車体価格が高いために、これまで普及しなかった環境低負荷型の車（燃料電池車や電気自動車など）の導入や開発が促進される。

このように、環境税は汚染物質の排出量に応じて人々や各企業に適切なインセンティブを与えることができる。

7　環境低負担型社会構築に向けて

これまで、環境汚染の観点から市場メカニズムのもつ欠陥を指摘し、その欠陥を修正するために環境税などの経済的手段を用いることによって、市場メカニズムの長所を生かしつつ、環境を保全することの利点について説明した。

「環境税のように税金さえ払えば、汚染物質を排出してもよいというのはけしからん」と考える環境保護派の人は多い。しかし、環境税のねらいは、他人（将来世代を含む）に被害を及ぼすような汚染物質を排出すれば、それに応じて排出者の費用負担が大きくなるという社会システムを構築することにある。このようなシステムを構築すれば、みずからの利益だけを考え、他人への被害を考慮に入れずに行動するような個人や企業であったとしても、汚染物質の排出を抑制するようになるからである。この結果、ライフスタイルの変化、生産構造や産業構造の変更、環境保全に役立つ技術導入の促進など、さまざまなルートを通して社会構造を環境保全型へ誘導していくことができるのである。

人々の良心やモラルだけに頼って環境を保全しようとすることは、一部の良心的な人々・企業の負担（保全活動によって失う利益、不便さ）を重くし、そうでない人々・企業を相対的に有利にすることになる。環境保全のために必要なことは、仮に環境問題に対して無関心な人、企業であっても、彼らの活動・行動を環境低負荷型に誘導することである。

9章 環境政策とその実現の手法

1　日本の環境政策の基本法

日本の環境政策は、一九九三年に制定された「環境基本法」と、この法律に基づいて政府が定めた「環境基本計画」によって、その基本的な考え方が明らかにされている。

一般的には「法律」というものは、国民に権利を与えたり、義務を負わせるものと考えられており、つまり違反すれば罰せられたり、強制執行を受けたりするものと理解されている。

しかし、法律は国民の多数の意思を反映する国会の議決によって制定されるものであり、これによって国の政策の基本方針を定めたり、行政組織のあり方や権限を定めたりする場合もある。「基本法」とよばれる法律は、「環境基本法」以外にも、「教育基本法」や「土地基本法」など数多い。それらは、国の政策の基本方針を定める法律であるが、国がこの基本法で定められた政策方針を変更しようとするときは、国会の議決を経て法律を改正する手続きをとらなければならない。つまり法律で定められた政策方針にはそれだけの重みがあるということでもある。

日本では一九六〇年代ごろには、熊本・新潟の「水俣病事件」、「四日市ぜんそく事件」などにみられるように、厳しい公害が大きな社会問題となった。そこで、世論の高まりもあって一九六七年には「公害対策基本法」が制定され、さらに一九七〇年のいわゆる公害国会（第六四国会）では、公害防止対策に関して数多くの法律が整備された。その後一九七一年には環境庁が設置され、環境政策が本格的に進められることとなった。また翌一九七二年には自然環境保全の政策を明らかにするため「自然環境保全法」が制定され、以後、日本の環境政策は、「公害対策基本法」と「自然環境保全法」の二つの法律に基づいて進められてきた。

これによって、一九八〇年代半ばごろまでには、工場・事業場から生じる環境汚染（公害）への対策は大きく進展したものの、自動車公害などの都市型公害が未解決の問題として残された。さらに身のまわりのありふれた自然の破壊はひきつづき、これらへの関心と同時に、新たに生物多様性の保全に対する関心もたかまり、なによりも、地球温暖化に代表される地球環境問題への取組みが必要とされるようになるなど、一九七〇年代に比べると、日本の環境政策の課題は大きく変化してきた。

そこで、リオデジャネイロで一九九二年に開かれた「環境と開発に関する国連会議（ＵＮＣＥＤ）」を契機に、日本の新たな環境政策の方針を明らかにする目的で、「公害対策基本法」に代え、さらに「自然環境保全法」のうちの政策理念の部分を統合して「環境基本法」が制定されたのであった。

2　環境基本法の考え方

環境基本法は、「環境への負荷」という言葉を新たに取入れている。「環境への負荷」とは「人の活動により環境に加えられる影響であって、環境保全上の支障の原因となるおそれあるもの」（二条一項）をいう。これは、従来の「公害対策基本法」にいう「公害」やその他の環境汚染だけでなく、さらに温室効果ガス排出などの環境への悪影響、また自然環境の改変など、広い範囲の環境問題に対応するための新たな概念である。

日本の環境政策の目標について「環境基本法」は、つぎのように定めている。まず、すべての人々の公平な役割分担のもとで、この「環境への負荷」を最小限にして、「持続可能な」社会をめざし（四条）、これによって先進国の人も途上国の人も、また次世代以降の人もが同じように環境の恵みを享受できるようにめざすこと（三条）（図9・1）、さらに国際的協調のもとで地球環境問題の

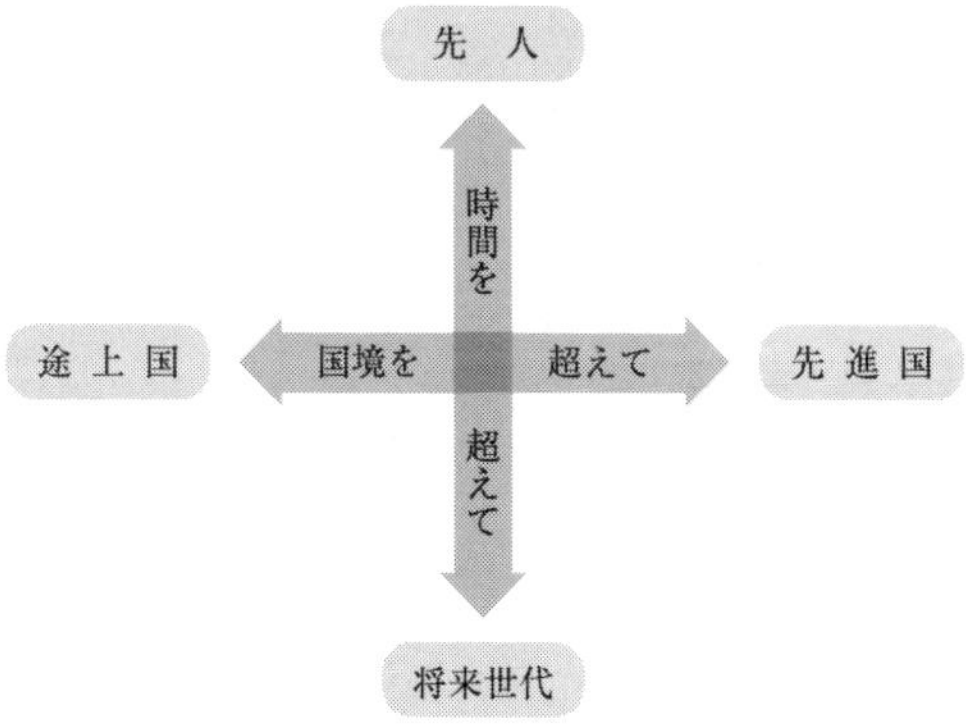

図9・1　環境基本法3条の「こころ」．人と人との共生

解決にも取組むべきこと（五条）がそれである。

環境基本法は、さらに国が環境保全の施策を定めるに当たっての指針を規定している。それによると、環境保全の施策は、①大気、水、土壌などの環境の自然的構成要素が良好な状態に保たれること、②自然がそれぞれの地域の社会的自然的条件に応じて適正に保全されること、③いきものや生物種のいろいろな意味での多様性が保全され、また④人と自然との豊かな触れ合いが保たれることが実現できるようにされる必要がある、とされる（一四条）。

またさきにふれたように、国は閣議決定の手続きによって、環境保全の施策を体系的総合的に推進するために、「環境基本計画」を定めなければならない（一五条）とされる。環境基本法は、このほか、国が環境保全のためにとるべき施策について、さまざまな基本的な項目を規定している。

たとえば、大気汚染・水質汚濁・土壌汚染・騒音について、人の健康や生活環境を守るうえで維持されることが望ましい基準である「環境基準」の制度（一六条）、また「公害防止計画」制度（一七条以下）がそれである。また、国の施策決定・実施に際しての環境配慮義務（一九条）、環境影響評価（アセスメント）システムの推進（二〇条）の規定がある。これらに続いて環境基本法には、必要な規制の実施（二一条）に始まる多くの施策が掲げられる。この中で経済的な政策実現手法（二二条）、環境教育・学習（二五条）、民間団体の活動支援（二六条）、情報の提供（二七条）など、規制以外の多くの多様な施策があげられていることは、一九九〇年代以降の、日本の環境問題の様相の変化を反映したものということができる。

さらに、地球環境保全等についての国際協力の推進については、独立の節としてその重要性が強調されていて、地球温暖化やオゾン層の破壊などの地球全体の環境に影響を及ぼす事柄に限らず、開発途上にある地域の環境の保全への日本の貢献についても規定(三二条以下)している。

3　環境基本計画の考え方

「環境基本法」に基づいて、一九九四年に最初の「環境基本計画」がつくられた(1章参照)。計画では「循環」「共生」「参加」「国際的取組」の四つのキーワードを中心とする環境政策の長期的目標を定めるとともに、これらのキーワードによってさまざまな環境保全の施策を整理し体系化した。その後二〇〇〇年一二月には、五年間の「環境基本計画」に基づく取組みの経験をふまえて、新たな「環境基本計画」がつくられた。新しい「環境基本計画」は、「持続可能な社会」(図9・2)を築くことがわが国の環境政策の目標であることを改めて確認している。そのうえで、さきに紹介した一九七二年のUNCEDや、その後の数多くの

環境基本計画の長期的目標

循　環

環境への負荷をできるかぎり少なくし，循環を基調とする社会経済システムを実現

共　生

健全な生態系を維持・回復し，自然と人間の共生を確保

参　加

環境保全に関する取組みに主体的に参加する社会を実現

国際的取組

国際的取組みを推進

環境問題に関する国際会議の決議や声明などによって確認され、国際的に承認されてきた政策原則をふまえて、これからの社会がめざすべき方向を、つぎのようなものとしている。

- 再生可能な資源は再生産が可能な範囲で利用すること、
- 再生不能な資源は他の物質やエネルギーで代替できる範囲で利用すること、
- 人間活動による環境への負荷の排出は、環境がもつ自浄能力の範囲にとどめること、
- 人間活動を、生態系の機能が維持できる範囲にとどめること、
- 生物の多様性について、回復させることができない程度までの減少を避けるべきこと。

これによって、

- 資源やエネルギーの効率が高く、また「環境効率性」（投入した資源・エネルギーから得られる経済的利益だけでなく、利益を得るについて環境への負荷がどうであったかを重視する観点にたっての効率性）が高い社会をめざし、

図9・2　環境基本計画における「持続可能な社会」の定義[1]

●大量生産・大量消費・大量廃棄というこれまでの生産・消費のパターンから脱却し、

そして

●資源・エネルギーの大量消費に依存しない新たな段階に移行する社会をめざすもの、

としている。

4　現代の環境政策の重要課題と環境基本計画の「戦略的プログラム」

現在、わが国で解決を迫られている環境政策の重要な課題はなんだろうか。

二〇〇〇年の環境基本計画は、これを十一の戦略的プログラムとして掲げている。

まず、個別の分野別の政策課題は、つぎの六つである。

① 地球温暖化を防ぐための対策を推進すること。

② 廃棄物処理が行き詰まっているからといって、単にごみ減量やリサイクルを推進するだけではなく、新たな物質の原料などとしての投入を最小限に抑えて、天然資源の浪費を防ぐことができる生産様式を備え、物質循環が確保される「循環型社会」をつくりだすこと。

③ むやみに一人乗りの自動車などが走り回るのでなく、公共交通機関や鉄道・船舶などの輸送単位当たりの環境負荷が少ない人や物の輸送ができる「環境への負荷」の少ない交通体系を整備していくこと。

④ 降雨が森林で水源を涵養《かんよう》し、生み出された水が中下流で田畑を潤し、そして都市の用水をまか

なうなど、有効に利用されて、人やいきものをはぐくむ自然のシステムが維持される、つまり「環境保全上健全な水循環」が確保されるようにすること。

さらに

⑤ 化学物質による人の健康や環境へのリスクが最小になるように必要な対策を推進すること。

⑥ 生態系、生物の種、さらに同一の種の内でそれぞれに「生物の多様性」を保全するための取組みを進めること。

環境基本計画では、これらを二十一世紀初頭に重点的にとりあげ、計画的に施策を実現していかなければならない政策課題としている。

そして環境基本計画はまた、上の六つの政策課題を実現するために必要な戦略的プログラムとして、つぎの三つを掲げる。

⑦ 環境教育・環境学習を推進すること。

⑧ 社会経済のなかで環境配慮のための仕組みをしっかりと構築するための取組みを進めること。

⑨ 環境を守りあるいは改善し、環境への負荷が少ない生産その他の社会設備やシステムを築くために行われる投資を推進すること。

さらに、あらゆる段階で取組むための戦略的プログラムとして、つぎの二つを加える。

⑩ 地域づくりにおいて、幅広くさまざまな意味での環境保全を意図した取組みが推進されること。

⑪ 地球環境の全体としての保全に役立つ活動・取組みへの、日本の国際的寄与・参加を推進すること。

なお、循環型社会を形成する、という右の②の課題については、これまでは関係する法律や制度が複雑に入り交じっていて、政策の体系が不明瞭であった。そこで二〇〇〇年には、「環境基本法」に基づいて、さらに「循環型社会形成推進基本法」が制定され、この分野の政策体系を整理するとともに、二〇〇三年三月にこの法律に基づいて「循環型社会形成推進基本計画」がつくられた。

5 戦略的プログラムの課題の特徴――直接規制的手法の限界――

これらのテーマのうち、特に個別の分野別の政策課題としてあげられているものは、地球温暖化問題にせよ、自動車公害問題にせよ、あるいは化学物質による環境へのリスクの問題にせよ、さらには廃棄物処理・リサイクル推進の問題にせよ、いずれもが、特定の人や事業者が加害者（原因者）であり、その他の特定、あるいは不特定の人が被害者である、といった形では説明ができない。つまりこれらについては、これまでの公害対策で考えられてきた考え方が成り立たない。

これらの課題が二十一世紀初頭にまで未解決のまま残されてきた理由はここにあるということができる。

ところで、これまでの工場・事業場から生じる大気汚染や水質汚濁などの「公害」は、発生源に対して汚染物質などの排出基準を定め、これを守らせ、違反した場合は処罰するという形で、直接的な規制を加えることによって解決できるものが多かった。実際、大規模な工場・事業場で化石燃料を燃焼させることに伴って発生する硫黄酸化物は、全国の主要な測定局の平均で、一九六七年から一九七七年までの十年間に、七二％も削減されている。また、同様に工場・事業場の排水による河川や沿岸の汚染の程度も、大きく改善されてきている。しかし、このような「直接規制」という政策実現の法的手法は、違反者を法によって処罰することによる強制を加えて人々の行動を制限する手法である。この手法は確実に政策目的を達成できるうえ、基準が守られることによって、どのような結果を生み出すことができるか、という点を予測しやすいという長所がある。そして、法律制度は長い間、この手法によって確実に実施されるものと考えられてきた。ただし、このような直接的規制の手法を採用するためには、特定の人や企業だけが厳しく取り締まられるといったことがないようにすること（つまり「公平性」が確保されていること）が必要である。そしてこの点から、本来、つぎのような制約をもっている。

まず規制対象を定める必要がある。この場合、その活動を規制することが、政策の実現のためにいちばん効果的であることを明らかにする必要がある。

また規制すべき活動の内容・基準を定めなければならない。この場合に、規制基準は科学・技術的な裏付けがあり、さらに規制対象に過度な負担を負わせることなく実施できるものであることが必要である。

そのうえ、規制される側のうちに、それほど無理をしなくても規制基準を上回った環境への負荷を低減できる者がいても、自分だけが決められた基準以上に努力してみても特別の利益を受けることはないから、全員が基準の範囲での環境負荷を与え続けるということになる可能性が大きい。

したがって、一定の限度以下にまで環境への汚染が下がれば、少々汚染があっても問題が生じない

（いわゆる「しきい値」がある）物質の規制や、あるいは全面禁止という規制が適当な場合には、直接規制の方法がうまく機能することになる。しかし、温室効果ガスや自動車排出ガスの環境中への排出、また環境リスク低減のために化学物質の使用を制限しようとするような場合には、この直接規制の方法には限界がある、ということになるわけである。

6　直接規制以外の政策実現の手法——「枠組み規制」——

一九九六年、ベンゼンなどの有害な化学物質による大気汚染についても、新たに「大気汚染防止法」で規制することが検討された。そしてはじめの段階で、有害大気汚染物質に該当する可能性があると考えられた物質は二三四物質にのぼった。しかし、あまりにも数が多すぎるので、この中から緊急に取上げる必要があるものを絞った結果、二二物質が候補にあがった。

ところが、これまでの直接規制の方法をとるとすれば、人の健康への影響などを科学的に明らかにしたうえで、環境保全のうえからみて達成され、維持されることが望ましい大気環境中の濃度をもととして「環境基準」を定め、これをもとに個々の排出施設ごとの排出基準を定める必要があった。

しかし、たとえ二二物質に絞られたというものの、この作業には大変な時間がかかることは明らかであった。一方で、問題とされた化学物質には、一定の濃度以下であれば健康上問題がない、といういわゆるしきい値が明らかでなく、ある濃度であれば一定の割合で発がん性が認められるものが多く含まれていた（このことは、排出源での削減努力が大きければ大きいほど、環境全体からいえば意味があるということでもあった)。また、工場や事業場から排出される化学物質は、石油・石炭を燃やしたときに排出される硫黄酸化物やばい煙などのように、煙突の出口で量を規制すればよい、というものでもなく、個別の工場のプラント、施設ごとに、排出量を削減するやりかたには違いがあり、一律に法律で、方法を決めることは、かえって非効率でもある。さらに、産業界からは、化学物質による大気汚染防止は、まず事業者の自主的取組みによって実現させるべきであり、効果があがらなければ、それから直接規制を導入するという手順が必要という、強い意見が出されていた。

そこで、結局、法律ではこれらの「有害大気汚染物質」による大気汚染防止について、法律は事業者に排出削減の責務があること、国および地方公共団体が必要な施策を行うこと、さらに、国民も日常生活で必要な努力をすることを新しく規定するにとどめた。しかし、そのうえで、法律の付則で、環境大臣が特に必要な物質を指定して、指定された排出施設についての排出抑制基準を定めること、都道府県知事が事業者に必要な場合に勧告することができ、また報告を求めることができることなどを規定し、また法律改正から三年後に、「自主的取組」の成果をみたうえで、必要な場合には「所要の措置を講ずる」ことも規定した。

この制度のもとでの事業者の自主的取組みは成果をあげたと評価することができる。ベンゼンについては、二〇〇一年度、環境基準値(三μg/m³)と比較すると、三六八地点中六七地点(一八%)について環境基準値を超過していた。しかし、一九九八年度は二九二地点中一三五地点(四六%)、一九九九年度は三四〇地点中七九地点(二三%)、二〇〇〇年度は三六四地点中七四地点(二〇%)で超過していたことからすれば、全般的には改善傾向にある、という結果となったと評価される。そして全国の平均濃度も、ベンゼンでは、一九九八年度三・三μg／m³であったものが、二・二μg／m³にまで低下している。またトリクロロエチレンでは、一・九が一・三、テトラクロロエチレンでは、一・〇が〇・五二、ジクロロメタンでは、三・八が三・〇にそれぞれ低下し、これらは二〇〇一年度には全国の測定箇所のすべてで環境基準以下であった（表9・1）。

そこで、法律改正から三年経過した段階でも、新たに直接規制を取入れることをせず、環境基準を達成できていない地域で、地方公共団体を含めた取組みを強化するための新たな自主的取組みの枠組みを設けることとされたのであった。

このように実際に、どのような方法で排出量の削減の努力をするのかは、事業者の自主的取組みにゆだねるものの、努力義務そのものは、一定の法的な枠組みのもとにおくという政策実現の手法を「枠組み規制」とよんでいる。直接規制の場合のように、どこまで効果があがるかをまえもって予測することは難しい点が弱点ではあるが、各人の創意工夫によって目的を達成できる場合には、有効な手段ということができる。

表9・1　有害大気汚染物質の環境基準値と全国平均濃度†
（単位：μg/m³）

物質名	環境基準値	1998年度	2001年度
ベンゼン	3	3.3	2.2
トリクロロエチレン	200	1.9	1.3
テトラクロロエチレン	200	1.0	0.52
ジクロロメタン	150	3.8	3.0

†　環境省「平成13年度地方公共団体等における有害大気汚染物質モニタリング調査結果」による

7　枠組み規制と他の政策実現手法の組合わせ

このような枠組み規制の手法は、さらに、一定の手続きをとることを義務づける方法（「手続き的手法」）と組合わせることによって、効果をあげる場合がある。一九九七年に、「環境影響評価法」によって体系的な法律制度が整えられた環境影響評価（環境アセスメント）制度は、土地を開発したり、鉄道・ダム・高速道路・空港などの施設をつくろうとする事業者は、事業の実施に当たってまえもって、自分の事業によって環境に与える影響を調べ、予測して、必要な場合は環境保全のための配慮をさせようとするものである。法律では、どのような事業を行う場合に、どのような手順でアセスメントの手続きを行うのかを定めている。そして、具体的な調査項目や調査方法などは、事業の種類に応じて、さらに詳細に定められている。しかし、調査や予測の結果、事業者がどのように環境配慮をすべきか、という点については、個々の場合に事業者が自由に考えてよいことになっており、この点について直接的に規制が行われるわけではない。

また、情報をみずからが調査し、あるいは他の主体から提供されて、把握することは、それぞれの主体の自主的な行動を促す効果を果たすことがある。そこで、事業活動や製品に関して環境面からの評価を行うシステム、あるいはこれによって得られた情報を開示・提供するシステムを整備し、各主体が情報を把握することによって環境政策の目標に沿った行動や活動を促すこと（「情報的手法」）も、政策実現の手法として位置づけることができるとされている。

たとえば、製品などについて、その使用によるエネルギー使用量や回収・再利用の容易さなどの、環境への影響の程度、あるいは環境への配慮がどのようにされているかを製品などに表示させる「環境ラベリング」のシステム、事業者が事業活動に関してどのような環境配慮の努力をしているかを明らかにする「環境報告書」のシステム、さらには活動の環境配慮の状態を客観的に評価するシステムなどは、このような手法と考えられている。

このほか、一定量以上の環境汚染物質を取扱う事業者に、環境管理のためには留意する必要がある物質の環境中への排出や、廃棄物として他の場所へ移動させた分量を推計によって把握させて、これを国に報告することを義務付けている「環境汚染物質排出・移動登録（ＰＲＴＲ）」の制度も、事業者に情報を把握させることによって、環境中への排出の削減の努力を期待するシステムということができる。そしてこのＰＲＴＲ制度について、日本でも、一定の化学物質について法律で一定範囲の事業者に情報の把握と報告を義務付けており、その意味で枠組み規制の手法が併用されている。このように情報的手法もまた、枠組み規制手法と結び付けられることによって、機能を強めることができると考えられる。

8　経済的手法の機能

8章で説明しているように、温暖化対策や自動車交通対策などの分野では、法律的な規制以外の政策実現の手法として、経済的手法が有用であることは、よく知られている。これは、政策目標にかなった事業活動や日常生活活動をする者には、補助金を与えたり税や手数料を減免するなどの経済的な支援をしたり優遇する方法、反対に、政策日標に反して環境に負荷を与える活動をする者に、高い手数料・料金を払わせたり、課徴金を課すなどの経済的負担を負わせる方法をいう。経済的な利益、不利益を各主体に感じさせることによって、その行動を誘導していこうというこの経済的手法は、みずからの費用を払って環境への負荷を減らす努力をしている者と、環境への負荷を平気で与えながらその結果生まれる不利益を公共の負担に押し付けてしまっている者との間の不公平をなくす、という意義をもっていることが認められる必要がある。

経済的手法といえば、まず「環境税」あるいは「炭素税」が議論されることが多い。税は、経済的負担をさせるべき相手から、強制的に集めることができる仕組みであり、温暖化対策のような場面で、広く国民に負担を課す手段としては、いちばん考えやすいものであることはそのとおりである。しかし他方で、税制度は、国民に義務を負わせる制度であり、さまざまな「税」相互間での論理的な整合性・合理性が求められる。また、税制度は国の財政制度とも深くかかわりをもつものであって、その点からいえば、環境税や炭素税の導入が理論的に正しいという点を論じるだけでなく、制度としての合理性を保つことができるよう多くの点が検討されるべきことも理解される必要がある。

しかし、日本では、大型乗用車の税金が引き下げられたのち、自家用車の大型化、燃料使用の増大という状況が急激に、生み出されてきている。また、電気などのエネルギー料金引き下げの政策が、温室効果ガス排出抑制の政策と矛盾しているという指摘があることも事実である。

エネルギーの税や自動車の税について、環境への配慮をも織り込んだ、いわゆる「税制のグリーン化」、さらには料金制度のグリーン化、廃棄物の処理費用についての排出者負担の徹底などや、これらによって得られた財源を活用して環境への負荷を低減させるためのさまざまな主体の取組みや活動に対して経済的支援を拡大することなど、経済的手法として採用できる事柄は、今の段階でも、数多くあると思われる。

9　地球環境保全への国際的協力

地球環境の保全は、一国の取組みだけでは実現できない。

しかし、現在の国際社会は、それぞれが独立に法律を定め、国民を治めることができる主権をもった国家の集まりである。したがって、誰かが国際社会全体を一つの「ルール」でコントロールすることはできない建前となっている。

A国の政府とB国の政府が合意して「条約」を締結し、これを国内の必要な手続きを経て批准して、以後条約を遵守することを約束したときは、両国政府は条約に縛られることになる。しかし、この場合でも、それぞれの国民が直接、条約に従わされるのではなく、それぞれの政府が自分の国の中で、条約が守られるように必要な措置（国内担保措置）を講じる義務を負い、国民はこの国内法に従う義務を負う。

たとえば、日本は南極条約によって南極の環境保全の義務を負っている。そこで、日本国民は、日本の「南極地域の環境の保護に関する法律一四条」で、南極で哺乳類や鳥類を捕獲したり殺傷したりすると、一年以下の懲役などの処罰を受けることになる、といったことになるわけである。

渡り鳥の保護などの分野については、日本と米国、日本と中国といった二国間の条約がある。しかし、地球環境保全のための条約の多くは、多数の国が参加する多国間条約の形がとられる。温暖化対策、オゾン層保護、海洋汚染防止、砂漠化防止など多くの分野について、すでに数多くの多国間国際条約がつくられている。ただし、多国間条約は、それが効力を生じる（発効する）ために、一定数以上の締約国の批准を必要とすると定められるのが普通である。そして、それぞれの国の国内担保措置の準備や、国内の政治的事情で、条約は締結されても、批准までには時間がかかるために、すぐには条約が発効しない例も少なくない。

そこで、地球環境保全のためには、このような条約システムをいきなりつくろうとするのではなく、各国が合意できる基本原則だけでもさきに確認して、それぞれの国での取組みを進めることも十分に意味があると考えられてきた。国際的な会議で出される「宣言」や会議の「決議」は、それだけで、すぐに「条約」としての効力をもつものではない。しかし、そこで示された考え方は、国際社会で「合意された原則」として、各国政府や関係者が尊重すべきものとされる。そしてこれらはやがて、各国に対して法律的な拘束力はもたないものの権威ある原則を定め、あるいは各国が約束した環境保全の項目について、どのように取組んでいるかを相互に報告する義務を課す、といった緩やかな条約である「枠組み条約」に発展していく可能性をもっている。「条約」のように長い歴史をもった国際的な法システムを「ハード・ロー」とよび、右に述べた「宣言」「決議」のようなものを「ソフト・ロー」とよぶことがある。

このような工夫は、権力によって強制的にルールを守らせることが難しい国際社会で、地球環境を守るための共通の政策目標を実現するために、国内での取組み以上に真剣に考えられてきている。しかし、直接強制の方法だけでは達成困難な国内環境政策の課題解決を考えるうえでも、国際環境法の分野での動きは、参考にされる価値がある。

このほか、地球環境の保全のためには、国際協力の役割が大きい。特に開発途上にある国々への技術面や経済面での支援や、たとえば東アジア地域での黄砂や酸性雨の共同調査などの地域的な共同の調査・研究が重要であり、すでに日本も多くの予算や人員を割いて、これらの取組みを始めている。開発途上地域との関係では、環境保全のためのプランづくりへの協力、専門家の派遣、研修員の受け入れをはじめ、多くの協力が進められている。また地方自治体の段階でも海外の自治体との情報交換やプロジェクト支援が行われており、またNPO（民間非営利団体）がボランティアの派遣などをはじめ、開発途上地域を支援するうえで果たした役割も少なくない。このようなNPOの活動については、国からの援助も行われているが、国民からの寄付などの直接的な参加が増えることが望まれる。

参考文献

（1）『環境白書（平成14年版）』一四ページ、環境省編、ぎょうせい、二〇〇二年。

（追記）

環境基本計画は、二〇〇六年四月に改訂されて、第三次計画とされた。第二次計画の戦略的プログラムは、「重点分野政策プログラム」と呼び名が変わり、十項目に整理されたが、個別分野別の課題は、これまでとほぼ同じである。ただし、本章4③に掲げた項目は、自動車単体の排出ガス規制が効果をあげてきたので、都市のヒートアイランド現象などにも取組むことになり、「都市における良好な大気環境の確保に関する取組」として政策課題が拡大された。また、本章4⑦から⑪に掲げた項目は、それぞれ、次のように整理された。⑦市場において環境の価値が積極的に評価される仕組みづくり、⑧環境保全の人づくり・地域づくり、⑨長期的な視野をもった科学技術・環境情報・政策手法等の基盤の整備、⑩国際的枠組みやルールの形成等の国際的取組の推進。

第三次環境基本計画は、すでに先進諸外国では、当然のことと理解されている「環境・経済・社会の統合的向上」が日本でも環境政策の目標となるべき、としたうえで、環境効率性を向上させ、環境と経済の好循環を実現して「より良い環境のための経済」と「より良い経済のための環境」を実現すること、地域コミュニティの再生を通じた「より良い環境のための社会」と「より良い社会のための環境」を実現することが必要であるとしている。第二次計画では本章4⑦と⑩に分けられていた課題を、第三次計画で右の⑧の「環境保全の人づくり・地域づくり」とテーマを統合したことなどは、このような考え方のあらわれでもある。

なお、本章4に記した「循環型社会形成推進基本計画」は、二〇〇九年に第二次計画が作られる予定である。またさらに、二〇〇七年六月には、「二一世紀環境立国戦略」が閣議で決定され、「低炭素型社会」「自然共生型社会」「循環型社会」をめざすことが定められて、環境基本法や環境基本計画の示す環境政策の方向が一層、鮮明にされている。

参考文献

・『環境白書・循環型社会白書（平成19年版）』九七ページ以下、環境省編、ぎょうせい、二〇〇七年。

10章 科学技術と社会

1 科学技術の発展と恩恵

今では毎日の生活に欠かせないばかりか、あまりの影響力の大きさに社会問題までひき起こしかねないのがテレビである。テレビの歴史をたどっていくと、百年前よりさらに古い時代にたどりつく。一八七三年に英国のスミスとメイが光電変換の現象を発見した。その二年後には米国のケアリーがテレビの原理を提案している。その後、多くの人たちがテレビの実現に向けた研究開発に取組んだ。なかでも日本の高柳健次郎は一九二七年、走査線四十本、毎秒十四コマのテレビ実験に成功している。高柳の技術は当時の世界で最高水準にあった。テレビ放送が始まったのは米国で一九三六年、英国で三七年、日本はだいぶ遅れて一九五二年に実験放送を行い、翌年から本格放送が始まった。もし、テレビという技術がなかったら、私たちの生活はまったく違ったものになっていただろう。

一九六九年には米国カリフォルニア大学の学生が国防総省高等研究計画局にARPANETを提案した。ARPANETの特色は、電話のように回線と回線をスイッチでつなぐという方式ではなく、データそのものに宛先を付けて回線に送り出すという通信方式にあった。国防総省は核攻撃にも耐えられる通信方式として、この提案を採用した。このネットワークが現在のインターネットの原型である。いまやさまざまな連絡に電子メールが使われているし、各種の切符などもインターネットで購入できるようになった。インターネットも現代社会に欠かせない道具になっている。

英国のフレミングが二週間の休暇から帰ると、培養していたブドウ球菌の培地にカビが生えていた。一九二八年のことである。培養は失敗だったが、よく見るとカビの周辺に菌がないことに気がついた。カビの培養液を調べてみると、殺菌効果があるとわかった。ペニシリンの発見である。しばらくの間ペニシリンは注目を集めなかったが、三五年ごろには再注目された。その後、多種多様な抗生物質が開発され、今では抗生物質によって人類は細菌による感染症の脅威からはほぼ解放されている。もちろん、耐性菌などの問題はあるものの、抗生物質がなければ人類の平均寿命ははるかに短かっただろう。

ＤＮＡが遺伝物質だと確認されて以来、ＤＮＡの構造解析が遺伝子研究の焦点になっていた。一九五三年になり英国ケンブリッジ大学のワトソンとクリックが二重らせん構造を提唱した。二重らせん構造はX線回折写真などのデータを矛盾なく説明することができた。ＤＮＡの構造がわかって以来、遺伝学の研究は急速に進歩し、遺伝子組換え技術の開発、組換えによる新品種の創出、遺伝子治療などの新しい道が開けた。すでにヒトゲノムの全解読が済んでおり、個人差まで踏み込んだ病気治療も可能になると期待されている。これから遺伝子工学が人類に何をもたらすか、地球環境問題の克服にどう役立つか、期待は非常に高い。

一九四二年、米国シカゴ大学のフットボールスタジアムの下にあるスカッシュコートにグラファイトブロックが積み上げられた。ブロックには適当な間隔で穴があけられ、そこに天然ウランが挿入された。世界最初の原子炉、エンリコ・フェルミらによるシカゴパイル-1である。原子力には原爆という忌まわしい経験があるが、平和利用も積極的に進められ、現在の日本では電力の三〇%以上を原子力で供給するまでになっている。地球温暖化との関係では、ほとんど二酸化炭素を出さないエネルギー源として原子力の役割が期待されている。

当時のソ連が突然、「人工衛星の打ち上げに成功した」と発表したのは一九五七年の一〇月であった。米国が五七年から五八年にかけて人工衛星を打ち上げると予告していただけに、ソ連の「スプートニク」打ち上げは世界をあっと驚かせた。ソ連は、翌月になるとライカ犬を乗せた2号を打ち上げ、米国に対する技術的優位を誇示した。以来米ソの宇宙開発競争は熾烈を極め、ついに米国は一九六九年に人間を月に送った。派手な宇宙開発競争の波及効果としてさまざまな技術が開発された。今では市民も気象衛星、通信衛星、放送衛星、地球観測衛星、GPS（全地球測位システム）などさまざまな形で宇宙技術の恩恵に浴している。特に、地球環境関連では衛星からのリモートセンシングが観測面で大きな効果を上げている。

これらは、ほんのわずかな例にすぎない。現代社会の市民は衣食住、交通、情報処理、教育からレジャーに至るまで、あらゆる分野で科学技術の恩恵を受けている。多くの人々は、科学技術を豊かさ、便利さ、快適さ、それに新産業を生み出す打ち出の小槌と考えている。一九九〇年代の半ばに日本で科学技術基本法が成立し、それに基づいて第一次、第二次の科学技術基本計画が制定され、国の科学技術投資を大幅に拡大したのも科学技術に対する期待の現れと考えることができる。

2　科学技術発展の陰で

人々にさまざまな形で恩恵を与えた科学技術だが、その陰で多くの問題が起こっていることも事実である。典型的な例は原爆の開発と投下だろう。広島・長崎の原爆といえば、すでに遠い昔と思えるかもしれない。しかし、今でも核兵器の開発をもくろむ国は後を絶たない。さらにさかのぼれは化学兵器や生物兵器の問題もある。第一次世界大戦から第二次大戦にかけて、毒ガスを中心とする化学兵器の開発競争が行われ、実際に戦場で使われた。今でも一部の国では化学兵器や細菌兵器の開発が精力的に行われているし、テロリストがこれらを使用する心配も深刻である。オウム真理教によるサリン事件も記憶に新しい。

日本の公害の原点ともいうべき水俣病。熊本県水俣湾の周辺で一九五〇年代に手足の感覚障害や麻痺、運動失調を訴える人々が相次いだ。六〇年代に入ると、新潟県阿賀野川の流域でも同様な患者が発生した。原因についてさまざまな調査や研究が行われたが、結局は水俣ではチッソ、新潟では昭和電工の工場から排出されたメチル水銀による公害事件と認定された。一方、富山県の神通川流域では、一九五五年に体の骨が折れ激痛を訴えるという奇病が発見され、イタイイタイ病と名付けられた。調査の結果、神岡鉱山から排出されたカドミウムによる慢性中毒が原因だとわかった。いずれも技術の周辺で起こった悲劇であった。

一九六八年には福岡、長崎の周辺でカネミ油症事故が発生した。カネミ倉庫が製造した米ぬか油にPCBが混入したことが原因で起こった大量中毒事故であった。PCBは安定で電気的性質も優れていることから、変圧器、熱媒体、潤滑剤、塗料やインク、感圧紙などに広く使われていたが、この事件をきっかけにPCBの製造、輸入、使用が禁止された。PCBは化学的な研究の成果として開発され、人々の身近なところで使われていた。その物質がきわめて危険な性質をもっていたことは、人々に大きな不安を与えた。

一九八四年一二月にはインドのボパール市にあるユニオン・カーバイド社の殺虫剤工場で史上最悪の事故が起こった。中間原料であるイソシアン酸メチルは毒ガス兵器として知られるホスゲンと似た毒性をもっている。そのイソシアン酸メチルの貯蔵タンクが爆発し、毒ガスが大量に漏れ出た。死亡した住民は二千人とも一万人以上ともいわれ、影響を受けた人の数は七万人以上に上ったという。この劇薬を扱う装置の温度管理がずさんで温度が上がりすぎ、それによって不純物が発生、不純物の影響で配管等に腐食が起こっていた。そのせいか、タンクに水が流れ込み、激しく反応して爆発を起こした。ユニオン・カーバイドでは、数年前から刺激臭がする、死亡事故が起こるなどさまざまなトラブルが発生していた。安全管理をないがしろにした同社に対して世界中の非難が集中した。

一九八六年四月にはソ連でチェルノブイリ事故が起こった。チェルノブイリ4号炉が突然爆発し内部の放射能が大量に放出され、その放射能は風に乗って欧州を中心に広い範囲を汚染した。不安定な低出力運転をしており、その間にさまざまな判断ミスや規則違反が重なって、炉が暴走したのが爆発の原因であった。これは原子力利用史上最悪の事故であり、事故現場から半径三十キロメートル以内の放射能汚染は深刻で、十三万五千人の住民が避難を余儀なくされた。事故が直接の原因となって死亡したのは三十一人といわれるが、間接的影響まで考慮するとどれだけの被害者が出たか定かではない。この事故を機に原子力反対運動が一挙に高まった。同時に、先端技術の粋を集めた原子力も、扱いを間違うと市民に牙をむくという教訓を残した。原子力でいえば、人的被害こそなかったが、一九七九年に起こった米国スリーマイル島の事故も人々の印象に残っている。

一九九九年秋には、日本でも臨界事故が起こった。核燃料を製造するＪＣＯの東海事業所で一八・八％の濃縮ウランを扱っていたところ、核分裂が連鎖的に起こる臨界状態になり三人の従業員が中性子線に被ばくした。核燃料を扱うには臨界を防止するために特別の容器を使うが、それを使わないで作業をしたための事故だった。チェルノブイリとは比較にならないものの、日本では史上最悪の原子力事故であった。これも、科学技術の扱いを間違えた結果の恐ろしさを世間に印象づけた。

以上は、科学技術に関連した悪用、誤用、事故の例のごく一部である。科学技術に支えられた現在の文明がエネルギーを大量消費し、その結果として地球の温暖化が心配されるのも、科学技術の副作用の一つと考えることができる。フロン類によるオゾン層の破壊も科学技術がつくり出した物質が原因である。除草剤などに代表される農薬を使った犯罪もある。情報ネットワークが普及することによって個人のプライバシーが侵害される恐れも強い。一方の知識が増えれば、その情報が生命保険会社や就職しようとする企業によって利用され、新たな差別問題をひき起こすかもしれない。生殖医療の発展は親が子を産むという人間の営みを大きく変える心配もある。科学技術は悪用、誤用、事故、犯罪の可能性を常に秘めている。

3　社会と科学技術の関係の変化

科学技術は、常に軍事面でも利用されてきたとはいうものの、大筋として人々の生活を豊かにし、経済活動を活性化させる歓迎すべきものと考えられてきた。もちろん科学技術は専門知識がないと理解できないから、歓迎すべきものと考えても、市民が科学技術活動に参加することはほとんどなかった。言い換えれば、研究開発の成果を享受するという意味で歓迎されたが、それ以外の面では市民の関心をひかなかった。だから、政府の科学技術政策といっても、科学技術コミュニティによるコミュニティのための政策でしかなかった。コミュニティは彼らの価値観だけに従って科学技術活動をしていた。

科学技術は役に立つという見方は、今も大多数の人に支持されている。日本では一九九五年に科学技術基本法が制定され、それに基づいて基本計画がつくられるようになった。二〇〇一年に制定された第二次科学技術基本計画は、科学技術政策の理念として、新しい知識の創造、知による活力の創出、知による豊かな社会の創生の三点を上げている。知の創造はともかくとして、それ以外の二項目は、科学技術が人々の役に立つという科学技術観に基づいている。基本計画をつくるようになって政府の研究開発投資は大幅に増えたが、これも政治家や人々の科学技術観に基づいての措置であった。

かつて市民社会が科学技術に大きな関心をもたなかった時代には、社会が科学技術に干渉することはきわめてまれだった。この状況に変化が起こっている。つまり、社会が科学技術に干渉する時代に入ろうとしている。変化の背景には、現代社会が大きく科学技術に依存しているうえ、先述したような科学技術の失敗、悪用、誤用をたびたび経験したことがあるように思われる。

失敗や悪用、誤用の例をみると、科学技術に携わる人々の信頼性を疑いたくなるような事実に突き当たる。核物理の研究者は原爆開発のマンハッタン計画に唯々諾々と従った。戦後になって反省の声はあったものの、原爆を開発し使用した傷は深い。今でも、国際社会の約束に反して核開発を進める国があり、それを支援する技術者が存在するといわれている。薬害エイズ事件も専門家の信頼性を損ねた出来事であった。非加熱製剤によるエイズの疑いが米国から報告され、当時の厚生省や専門家の委員会はその情報を知っていた。にもかかわらずすぐに加熱製剤に切り替えず、多くのエイズ患者を出してしまった。その理由はともかく、市民にとっては耳を疑いたくなるような話である。

クローン羊「ドリー」の誕生は、それまでの生物学の常識を破る科学の成果だった。なぜこのクローン技術を人間に応用してはいけないかを科学的に説明することは難しい。しかし、多くの人が人間への応用を好ましくないと考えた。ところが、研究者の中には人間に応用するといってはばからない人がいる。ユニオン・カーバイド社の爆発事故をみると、安全管理の不備からくる前兆現象があり、技術者がそれを知らなかったはずはない。にもかかわらず、手を打たなかった。本国（米国）ではなくインドだから許されると考えたとしたら、技術者や会社の幹部の意識は許しがたい。ここに述べた例は氷山の一角にすぎない。

水俣病やイタイイタイ病のことを考えると、重金属の有害性について専門家に十分な認識がなかったとしか考えられない。三十年以上にわたって地震予知計画が進められてきたが、いまだに地震の予知はできないという。世界の高速増殖炉の開発史をみると、各国ともナトリウム漏れに悩まされている。日本の原子炉「もんじゅ」は、各国と比較すると二十年程度遅れて運転を開始した。当然、先人の経験が生かされているはずだが、同じようにナトリウム漏れを起こした。

食品製造施設にPCBという危険な物質を使うという判断を下したのも、その道の専門家だったに違いない。とても妥当な判断とは考えられない。事故が起こると、よく聞かされるのが「想定外の事故」という言葉である。想定外などといわれると、専門家の能力を疑いたくなってくる。科学技術に携わる人は本当に有能なのだろうか。もしそうでないとしたら、社会に大きな影響を与えている科学技術を彼らに任せておいて大丈夫だろうか、心配になってくる。

水俣病を起こしたチッソでは、水銀を与えた猫が水俣病と同じ症状を起こした事実をつかんでいたといわれる。しかし、会社はこの事実をひた隠しにしていた。「もんじゅ」のナトリウム漏れ事故のとき、動力炉・核燃料開発事業団（当時）は最初、現場を撮影したビデオの存在を否定した。しかし、後からビデオの存在が発覚し、情報隠しが大きな問題になった。原子力で何かあるたびに情報隠しが明るみに出る。薬害エイズについても、厚生省（当時）は委員会の議事録はないと言い張ったが、後からその存在が判明した。

功名心で反社会的行為に走る人、安全性などに関して事前に十分な想定のできない専門家、嘘や情報隠しをする関係者。科学技術に携わる人たちの中で、ほんの少数にすぎず、大多数は社会性もあり、有能で、正直者なのだろう。それでも、長年に渡って同じような経験をすれば、社会が専門家だけに任せておけないと考えるようになるのはやむをえないだろう。科学技術コミュニティの信頼が失われれば、社会が科学技術に干渉するようになるのは、一種の必然である。

科学技術に対する社会の干渉は多分、反対運動や告発運動という形をとるのが最初だろう。チェルノブイリ事故の前から各原子力発電所の立地点を中心に反対運動があった。しかし、チェルノブイリ事故を契機に社会全体を巻き込んだ反対運動が世界中に広がった。水俣病やイタイイタイ病も市民団体などの告発が患者救済などに大きな効果を上げた。反対運動や告発運動に伴って、自然発生的に起こるのが情報開示の要求である。専門家に対する不信感だけではなく、政府や官僚組織、企業などに対する不信感も情報開示の要求につながってきている。いまや、社会のあらゆる分野で情報開示が求められるようになっており、これを受けて専門家や組織には説明責任があると考えられるようになっている。

情報開示要求のつぎに起こるのは市民参加の要求である。環境政策や原子力政策の意思決定過程に市民の声を反映させることが求められるようになった。すでに、環境に関する大きな国際会議では、NGO（非政府組織）の参加を求めるのが普通になっている。原子力でも、市民の意見を広く求める円卓会議が開催された。現在では、国や自治体の審議会などが結論を出す前に、案をホームページ上で公開し、人々のコメント（パブリックコメント）を求めるのが当たり前になっている。

科学技術周辺で起こるさまざまな問題が明るみに出たり、情報開示が進むと、科学技術に携わる人々の倫理観が問われるのも当然の帰結である。米国のプロフェッショナル・エンジニア協会がまとめた技術者倫理規定が基礎となり、日本でも各学会や協会が倫理規定の整備に取組んでいる。さらには大学の教育課程で技術者倫理を教える試みが広がっている。

日本でも研究機関や課題に対する評価が始まっている。直接的には、国が多額の研究開発資金を投じているのだから、それが的確に使われているかチェックする必要があるということが動機であった。総合科学技術会議が評価の大綱的指針をまとめ、これに従って各省庁が評価を進めており、その結果は公表されることになっている。これも見方によっては、社会が科学技術コミュニティの活動に監視の目を向け始めたとも受け取れる。

科学技術活動に対する制度的規制は新しいことではない。化学物質などに対する規制、環境規制、原子力に対する規制などである。規制そのものは目新しくないが、その内容が変化してきたように思われる。かつては専門家が安全性などを確保する目的で、規制の内容を検討した。最近では社会の目を意識して規制の内容が決まるようになった。クローン人間を禁止する法律ができたし、脳死による臓器移植に関する規制もできた。ＰＲＴＲ制度（6章参照）などもその一種と考えることができる。

社会が科学技術活動の安全性に関心をもち、発言するようになった背景には、別の側面もある。社会が貧しかった時代、人々は毎日を生きることで必死であった。生きるためには多少のリスクを問題にしなかった。科学技術が生活に必要不可欠なものを生み出すのであれば、その活動に多少のリスクが伴っても容認した。しかし、生活が豊かになり、必要が満たされると、容認されるリスクの程度も相対的に低くなった。また、昔の社会は自然災害や感染症など、大きなリスクに直面していた。しかし、現代社会は防災技術が進み、感染症などの治療法も確立して、これらのリスクを大幅に減らすことが可能になった。そうなると、小さなリスクが相対的に大きく見えるようになった。こういった事情も、人々が科学技術に対して不安を抱く原因となっている。

4　リスクコミュニケーション

　科学技術と社会の関係が変化すれば、科学技術コミュニティも変化しなければならない。前述したように、徹底した情報開示が必要だし、ＮＧＯなどと協力関係を結ぶことも必要になる。技術者倫理の教育も重要だし、評価を受けてそれをつぎのステップに反映することも求められる。こういう努力を積み重ねることが科学技術と社会の関係を良好に保つ不可欠の条件になっている。特に原子力や化学物質、遺伝子操作などに関連する環境安全分野では、上記の努力のほかにリスクコミュニケーションが重要視されている。安全性を強調するばかりではなく、リスクについても市民と話し合う必要があるというわけだ。

　リスクコミュニケーションの目的は、そのリスクを社会に許容させることにあるわけではない。リスクが許容できるものか否かを市民が的確に判断する手助けをすることが目的である。そこを誤解すると、せっかくの努力も市民の反発を招くことになる。人々が判断に苦しむとき、どういう人に手助けや助言を求めるだろう。当然のことながら、信頼できる人に頼ることになる。そういう意味で、リスクコミュニケーションの目標は、市民との信頼関係を築くことにあると言い換えられる。

　信頼できる人とは、どんな人だろう。教養が高い、先覚的に物事に取組む、有能である、正直で言行が一致する、気さくで親しみやすい——などの条件が考えられる。教養が高いということは、広い世界観と深い知識をもつことである。先覚的であるには、自分のことだけを考えず、社会全体のことを優先して考えることであろう。頭がよく、アイデアが豊かで、仕事などを効率的にこなせば有能の評価を受けることができる。正直で言行が一致することは、説明するまでもないだろう。気さくで親しみやすいための第一条件は相手の話をよく聞くことである。相手の話を聞くと同時に、当人の話がわかりやすいことも重要な条件になる。わかりやすく話すには、やさしい言葉を使うこともさることながら、物質ならそれが一般的にどう使われるかという全体の姿を示し、そのうえで話を進めることが大切になる。

リスクコミュニケーションを円滑に進めるには、こういう資質を備えた人が担当する必要がある。そのうえ、ちょっと会っただけでは相手が信頼できるか否か見極めることはできないので、普段の接触を通して人となりを知ってもらう必要がある。問題が起こったときだけ、リスクコミュニケーションを試みるという例が多い。これでは、信頼されないのが当然だろう。

リスクコミュニケーションを円滑にしたり、その結果として市民が的確な判断を下すには、社会側の努力も必要になる。それは、科学的・合理的に議論のできる知的基盤を社会の中に構築することである。判断の基準は好悪や利害であったとしても、少なくとも科学的・合理的な議論ができなければ、リスクコミュニケーションは成り立たない。

科学的・合理的な議論を行うためには、まずリスクを完全にゼロにできないことを理解する必要がある。つぎに自然界や社会はきわめて複雑であり、単純な因果関係を考えただけではすまないことも認識しなければならない。さらに、確率の概念や、リスクは確率と被害規模の積であることも理解する必要がある。リスクコミュニケーションではさまざまな数字も出てくるが、数字の意味を探る態度も大切になるし、量の概念をしっかりもつことも求められる。

原子力発電所の立地に関するシンポジウムなどに出席すると、よく「原子力は安全なのか危険なのか」という質問にぶつかる。この質問には答えようがなく、誠実に答えようとすれば難しい説明をせざるをえない。説明を始めると往々にして「難しいことはわからない。どっちなのか教えて欲しい」となる。これでは、そこで話が止まってしまう。市民がリスクゼロを望めないということを認識していれば、こういう事態に陥ることを防げるはずである。どの程度のリスクなら許容できるかという議論も可能になる。便益とリスクの比較、他のリスクとの比較などができれば理解は深まる。技術に限らず、社会現象には不確実性が伴う。不確実性をどう考え、扱っていくかを話し合うことも大切だろう。

「マングローブ林を切って池をつくりエビを養殖するからマングローブ林が減る」という話を聞いたとき、日本がエビを輸入しなければいいという反応が出た。日本へのエビ輸出は貴重な現金収入である。日本が輸入しなければ、彼らの収入がなくなる。経済状態が悪くなれば別の道を探すしかない。林を切って木材を輸出するかもしれないし、牛の飼育を始めるかもしれない。貧しければ環境に対する配慮もなくなるから、エビ養殖よりさらに悪くなる事態も考えられる。社会も生態系もさまざまな要素が複雑に絡み合っている。単純な因果関係だけで判断すると、とんでもない失敗につながりかねない。しかし、単純な因果関係はわかりやすいという大きな魅力をもっている。関係する要素をできるだけ広く考えるという習慣がないと科学的・合理的な議論はできない。

確率の概念は難しい。サイコロの出目に関する説明は納得してもらえるが、これを実際の問題に応用すると現実味が消えてしまう。多くの活断層で三十年以内に地震の起こる確率が計算されている。その確率が五％だとしたら、防災対策にどの程度の資金をかければいいか。こうなると答えは出ない。専門家でも自分の分野では事故などの説明に確率を使うが、他の分野になると確率による説明を理解しようとしない。それだけ確率の概念は難しいが、不確実性と正面から向き合うには今のところ確率の概念しかない。科学的・合理的な議論を成り立たせるには、確率を理解しようとする姿勢が求められる。

「リスクは確率と被害規模の積である」という概念は多くの人が知っている。ところが議論を進めるうちに被害規模の大きさや深刻さだけに関心が集まり、そういう事態が起こることの確率は無視される。ある工場に危険な物質があったとする。本当は危険な物質の存在が問題ではなく、どう管理されているかが問題のはずである。物質の存在は事故があった場合の被害に関係する。どう管理されているかは、事故が起こる確率に結びつく。被害だけで話が進めば、化学工場は成り立たなくなる。確率の概念が難しいからやむをえない面はあるけれど、理解しようという姿勢がなければ議論も進みようがない。

ある有害な物質の環境濃度が計測されたとする。多くの場合、環境基準と比較して濃度が高いか低いか議論され、それがただちに危険か否かに結びつく。しかし、計測値は計測された環境を代表しているか、計測法の精度はどうか、環境基準がつくられた背景の思想はどうかなどを考えないと数字のもつ本当の意味はわからない。数字の意味を考えようとする姿勢も、科学的・合理的議論には欠かせない。

たとえ有害な物質が検出されたとしても、きわめて微量なら健康被害などにつながる心配はない。多くの有害物質も、ごく微量はもともと自然界に存在し、昔から人々はその被害に遭うことなく生きてきた。検出されたことが問題ではなく、検出された量が問題なのだが、往々にして検出されたこと自体が問題になってしまう。これだけ計測技術が進んでくると、量の概念が重要になる。さらに、原子力をやめて太陽や風力を使おうという話がある。量の概念を無視できるなら、大いに賛成できる。しかし、この議論も太陽や風力でどれだけ発電できるか、それで足りるかという量の整合性を欠いている。

科学技術は人々に多大な恩恵を与えてきたし、今後も与え続けるだろう。一方、科学技術のもつ負の側面も無視できない状況になっている。下手をすれば、社会は負の側面だけに目を向け、科学技術コミュニティは社会の無理解を嘆くという構造になりかねない。科学技術の健全な発展をはかり、その恩恵を確かなものにするには、社会と科学技術がもっと近づく必要がある。そのために、科学技術コミュニティは説明責任を果たし、情報をしっかり開示するなどの努力が必要である。同時に、社会の方も科学的・合理的な議論ができるようになる必要がある。そういう社会の姿勢をどうつくっていくか、きわめて難しい課題である。だが、それを可能にした社会こそが二十一世紀をリードする社会になれるといっても過言ではないだろう。

もっと知りたい人のために

全体を通して

・『地球白書 二〇〇三―二〇〇四』クリストファー・フレイヴィン編著、家の光協会、二〇〇三年。
　ワールドウォッチ研究所による年次刊行物
・『地球環境ハンドブック 第二版』不破敬一郎、森田昌敏編著、朝倉書店、二〇〇二年。
・『人間・環境・地球――化学物質と安全性 第三版』北野 大、及川紀久雄著、共立出版、二〇〇〇年。
・『一つの地球一つの未来』米国科学アカデミー編、富永 健訳、東京化学同人、一九九二年。

関連ウェブサイト（二〇〇三年五月現在）

・環境省　http://www.env.go.jp/
　環境白書、循環型社会白書、オゾン層等の監視結果に関する年次報告書（毎年更新）などが閲覧できる。
・厚生労働省　http://www.mhlw.go.jp/index.html
・国土交通省　http://www.mlit.go.jp/
・農林水産省　http://www.maff.go.jp/
・日本化学会　http://www.csj.jp/
・東京都環境局　http://www.kankyo.metro.tokyo.jp/

1章

・『自然保護という思想（岩波新書三二七）』沼田 真著、岩波書店、一九九四年。
・『地球温暖化を防ぐ――二十世紀型経済システムの転換（岩波新書五二九）』佐和隆光著、岩波書店、一九九七年。
・『環境と文明の明日――有限な地球で生きる』加藤三郎著、プレジデント社、一九九六年。

2章

・『環境化学』小倉紀雄、一國雅巳著、裳華房、二〇〇一年。
・『環境化学（改訂版）』西村雅吉著、裳華房、一九九八年。

3章

・『地球温暖化論への挑戦』薬師院仁志著、八千代出版、二〇〇二年。
・『本音で話そう、地球温暖化』日本化学会編、丸善、二〇〇二年。
・『平成十三年度オゾン層等の監視結果に関する年次報告書』環境省、二〇〇二年。

4章

・『食のリスクを問いなおす――BSEパニックの真実（ちくま新書三六〇）』池田政行著、筑摩書房、二〇〇二年。
・『エビと日本人（岩波新書二〇）』村井吉敬著、岩波書店、一九八八年。
・『リスク学事典』日本リスク研究学会編、TBSブリタニカ、二〇〇〇年。

5章

・『シックハウス事典』日本建築学会編、技報堂出版、二〇〇一年。
・『新台所からの地球環境』環境総合研究所編、ぎょうせい、一九九八年。

6章

・『内分泌かく乱化学物質と食品容器』辰濃 隆、中澤裕之編、幸書房、一九九九年。

・『有機化学からみた環境ホルモン』村田静昭著、生物研究社、二〇〇一年。
・『ダイオキシンと環境ホルモン（科学のとびら三三）』日本化学会編、東京化学同人、一九九八年。

7章

・『ゴミと化学物質（岩波新書五六二）』酒井伸一著、岩波書店、一九九八年。
・『循環型社会──科学と政策（有斐閣アルマ）』酒井伸一、森千里、植田和弘、大塚直著、有斐閣、二〇〇〇年。
・『グッズとバッズの経済学──循環型社会の基本原理』細田衛士著、東洋経済新報社、一九九九年。

8章

・『入門環境経済学──環境問題解決へのアプローチ（中公新書）』日引聡、有村俊秀著、中央公論新社、二〇〇二年。
・『環境関連税制──その評価と導入戦略』ＯＥＣＤ著、天野明弘監訳、有斐閣、二〇〇二年。

9章

・『環境法』大塚直著、有斐閣、二〇〇二年。
・『環境基本計画──環境の世紀への道しるべ』環境省編、ぎょうせい、二〇〇一年。

10章

・『暴走する科学技術文明──知識拡大競争は制御できるか』市川淳信著、岩波書店、二〇〇〇年。
・『安全学』村上陽一郎著、青土社、一九九八年。
・『原子力の未来』鳥井弘之著、日本経済新聞社、一九九九年。
・『ダイオキシン──神話の終焉《おわり》』渡辺正、林俊郎著、日本評論社、二〇〇三年。

や　行

ら　行

わ

は　行

ま　行

た　行

な　行

さ　行

索　　引

あ　行

か　行

暮らしと環境科学

㈳ 日本化学会編

2003年6月27日 第1刷 発行
2009年3月1日 第4刷 発行

落丁・乱丁の本はお取替えいたします
ISBN 978-4-8079-0574-4
Printed in Japan

発行者
小澤美奈子

発行所
株式会社 東京化学同人
東京都文京区千石3-36-7（〒112-0011）
電話 (03)3946-5311
FAX (03)3946-5316
URL http://www.tkd-pbl.com/

印刷 ショウワドウ・イープレス㈱
製本 株式会社 松岳社